新形态教材　 "十二五"普通高等教育本科国家级规划教材

The Experimental Guide for

植物学实验指导

（第3版）

主编　王幼芳　李宏庆　马炜梁

参编　田怀珍　王　健　魏倩倩　张　伟

高等教育出版社·北京

内容提要

　　本书是马炜梁教授主编《植物学》的配套实验教材。全书选编了 20 个植物学基础实验,通过这些实验操作,学生可了解和掌握植物学的基本知识及基本实验技能。配套数字课程中的 14 个拓展性实验是从形态、生态、生理等各个角度对植物进行全方位的考察和试验,这 14 个实验可以作为课外小组的学习内容,使学生进一步加深对理论知识的理解,巩固基础实验的操作能力、对周围环境的观察分析能力和自主研究能力。实验注重采用活体实验材料,系统分类实验突出培养学生自主鉴定和使用检索表的能力;拓展性实验采用学生感兴趣的“任务”形式,有助于学生将课堂知识与大自然结合起来,提高学习兴趣。

　　本书可作为高等师范院校、农林院校和综合性院校植物学课程的实验教材,适合生物科学类和农学类等相关专业的教师和学生使用,也可供其他专业科研人员和植物学爱好者参考。

图书在版编目（CIP）数据

　　植物学实验指导 / 王幼芳,李宏庆,马炜梁主编
. --3 版 . -- 北京:高等教育出版社,2021.12（2023.12重印）
　　ISBN 978-7-04-057198-1

　　Ⅰ. ①植… Ⅱ. ①王… ②李… ③马… Ⅲ. ①植物学
－实验－高等学校－教材　Ⅳ. ① Q94-33

　　中国版本图书馆 CIP 数据核字（2021）第 207099 号

Zhiwuxue Shiyan Zhidao

| 策划编辑　孟　丽 | 责任编辑　李　融 | 封面设计　张　楠 | 责任印制　朱　琦 |

出版发行	高等教育出版社	网　　址	http://www.hep.edu.cn
社　　址	北京市西城区德外大街4号		http://www.hep.com.cn
邮政编码	100120	网上订购	http://www.hepmall.com.cn
印　　刷	北京宏伟双华印刷有限公司		http://www.hepmall.com
开　　本	787mm×1092mm　1/16		http://www.hepmall.cn
印　　张	7.25	版　　次	2007年 5 月第 1 版
字　　数	200千字（附数字课程）		2021 年 12 月第 3 版
购书热线	010-58581118	印　　次	2023年 12 月第 6 次印刷
咨询电话	400-810-0598	定　　价	20.00元

数字课程（基础版）

植物学实验指导

（第3版）

主编　王幼芳　李宏庆　马炜梁

登录方法：

1. 电脑访问 http://abook.hep.com.cn/57198，或手机扫描下方二维码、下载并安装 Abook 应用。
2. 注册并登录，进入"我的课程"。
3. 输入封底数字课程账号（20 位密码，刮开涂层可见），或通过 Abook 应用扫描封底数字课程账号二维码，完成课程绑定。
4. 点击"进入学习"，开始本数字课程的学习。

课程绑定后一年为数字课程使用有效期。如有使用问题，请点击页面右下角的"自动答疑"按钮。

植物学实验指导（第3版）

　　本数字课程与纸质教材一体化设计，紧密配合，内容包括激发学生兴趣的 14 个拓展性实验等，可供各类高等院校不同专业的师生根据实际需求选择使用，也可供相关科学工作者参考。

用户名：	密码：	验证码：	5360	忘记密码？	登录	注册

http://abook.hep.com.cn/57198

扫描二维码，下载Abook应用

前　言

　　《植物学实验指导》是"十二五"普通高等教育本科国家级规划教材，也是由马炜梁教授主编的《植物学》的配套实验教材。植物学是一门实验性很强的学科，围绕理论教材的修订，本书在第2版修订过程中，为充分利用日趋成熟的数字化教学方式，已将原拓展性实验部分安排在数字课程网站中，取得了预期的效果。与此同时，基础实验部分增加了4个被子植物的实验内容，使这部分内容的实验操作性更强，学习者更易明确实验的要点。同时各地使用本教材时可选择不同的植物作为实验材料，选材的余地更大，有助于学生深化理解课堂知识和提高观察分析能力。

　　这次第3版修订，与理论教材《植物学》的内容更为紧密结合。本次主要在文字内容上进行了修正。同时，鉴于目前显微设备的更新，各大院校新显微系统的普及以及数字化教学的手段更为先进，在第一章植物学实验基本技术第四节中，增添了显微摄影和测量等新内容，学习者可以用徒手切片制作的封片，通过显微拍摄、打印、绘图等手段留存自己学习积累的知识。此外，结合理论教材的新版体系中将细菌门和蓝藻门归为原核生物一章，本书也作了相关内容的修改。

　　本书注重培养学生独立进行实验的能力，编写特色包括：注重实验中选用新鲜材料，系统分类实验突出学生的自主鉴定，培养学生独立辨识植物、提高鉴定和使用检索表的能力。编写的指导思想是希望学生学得主动，把植物学作为一门有生气的学科课程来学习。

　　参与本书编写和修订的人员有：王幼芳、李宏庆、马炜梁、田怀珍、王健、魏倩倩和张伟。

　　限于编写人员的水平和能力，不足之处敬请专家和读者批评指正。

编　者
2021年4月

目　录

拓展性实验（见数字课程）

- 实验一　植物叶片形态结构对环境的反应
- 实验二　植物生存竞争策略的研究
- 实验三　植物物候期的观察与记录
- 实验四　变态营养器官的调查及鉴别特征
- 实验五　植物花粉形态的多样性观察
- 实验六　花的结构与传粉的适应
- 实验七　淡水藻类的种类调查和种类与水质的关系
- 实验八　苔藓植物或蕨类植物生活史的观察
- 实验九　藓类孢子萌发及原丝体结构的研究
- 实验十　外来入侵植物的种类调查
- 实验十一　选择某一科植物进行分类学研究并编写分种检索表
- 实验十二　野菜种类调查
- 实验十三　带你认植物（含校园植物调查）
- 实验十四　石蜡切片的制作方法

绪　论

　　植物学实验是植物学课程的重要组成部分，是学习植物学重要的实践环节。它不仅与课堂讲授的基本理论、基础知识互相结合，互相补充，也是学习后续课程和进行科研工作的基础，同时又是增强学生的学习积极性与主动性，培养学生严谨的科学态度和实验能力的重要手段。

一、实验课的教学目的与意义

　　植物学实验课是植物学教学工作的重要环节，主要目的为：

　　1. 掌握有关植物学实验和研究的基本理论、研究方法和基本技能。

　　2. 培养学生的观察、动手能力和分析问题、解决问题的能力。

　　3. 使学生在科学态度、独立工作能力等方面获得初步的训练。

　　4. 把课堂讲授的理论知识应用到对实际材料的观察中，通过实验验证和巩固从课本上所学的基本理论和基础知识。

　　5. 启发学生的学习兴趣。

二、实验室的规则及安全事项

　　为了确保实验的顺利进行，并获得精确的实验结果，进入实验室的学生必须遵守下列各项规则：

　　1. 实验课是加强理论联系实际，验证和巩固课堂教学所获得的基本理论和基础知识，并进行基本技能的训练，培养独立工作能力的教学过程。因此，必须严肃认真地上好实验课。

　　2. 上实验课之前，必须认真预习实验指导，明确实验目的、要求、内容和方法。

　　3. 上实验课要提前 10～15 分钟进入实验室，做好实验前的准备，不许迟到或早退。室内要保持安静，不能大声喧哗，讨论问题时不能影响其他人。实验时应按实验指导的要求，正确操作，仔细观察。实验报告要实事求是地填写和作答，文字简明扼要，绘图细致、准确、真实、清晰，不允许脱离实际地凭想象作图或抄袭他人作品和其他出版物以及网络的相关资源等，要独立完成实验。

　　4. 实验室的一切仪器设备、药品、实验材料及封片等一律不得带出实验室，用完后放回原处，室内要保持清洁。

　　5. 爱护公共财产，各种仪器在使用前要认真检查，用时要严格遵守操作规则，使用后要精心保管，保持清洁，并注意防止各种试剂对仪器的腐蚀。在仪器使用过程中如有问题应立即报告指导教师，不得私自拆卸，有损坏者按仪器用具的管理规则酌情处理。

　　6. 在教师讲解实验操作中的重点和难点后，学生应根据实验指导独立工作。遇到问题时，应积极思考，分析原因，自己解决；确实解决不了时，请指导教师讲解。

7. 实验结果除绘图外，还要及时、准确地把不绘图的内容或图表记录在实验记录本上。实验作业和实验报告要按时完成。

8. 实验完毕后，必须清查各种仪器用具，借用的仪器要归还，并将实验桌面清理干净，药品摆放整齐。

9. 值日生要认真整理，彻底打扫实验室的卫生。离开实验室前要检查并关好水、电、煤气及门窗。

第一章 | 植物学实验基本技术

第一节 显微镜的基本结构和使用方法

显微镜分为光学显微镜和电子显微镜。光学显微镜包括单式显微镜和复式显微镜。单式显微镜结构简单，一般由一个透镜组成，放大倍数在 10 倍以下，如放大镜。结构稍复杂的单式显微镜为解剖显微镜，也称实体显微镜，由几个透镜组成，放大倍数在 200 倍以下。单式显微镜所成的物像均为直立的虚像。复式显微镜结构比较复杂，由两组以上透镜组成，放大倍数较高，所成的物像均为倒置的实像。复式显微镜是研究植物的细胞结构、组织特征等最常用的显微镜。下面介绍常用复式显微镜的结构。

一、光学显微镜的结构

显微镜种类繁多，结构也很复杂，但其基本结构均可分为机械部分和光学部分（图 1–1）。

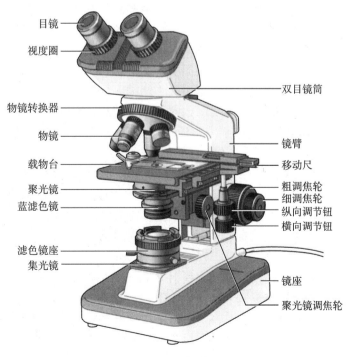

目镜
视度圈
双目镜筒
物镜转换器
物镜
镜臂
载物台
移动尺
聚光镜
粗调焦轮
蓝滤色镜
细调焦轮
纵向调节钮
横向调节钮
滤色镜座
集光镜
镜座
聚光镜调焦轮

图 1–1 显微镜的结构

1. 机械部分

显微镜机械部分由精密而牢固的零件组成，主要包括镜座、镜臂、载物台、镜筒、物镜转换器和调焦装置等。

（1）镜座：是显微镜的基座，用以支持镜体，其上装有反光镜或照明光源。

（2）镜柱：是镜座上面直立的短柱，直筒显微镜才具有，用于连接和支持镜臂及以上的部分。

（3）镜臂：弯曲如臂，上接镜筒，下连镜座，支持载物台、聚光器和调焦装置，是取放显微镜时手握的部位。直筒显微镜镜臂和镜柱连接处有活动关节，可使显微镜在一定范围内后倾，一般不超过30°。

（4）镜筒：一般长16～17 cm。其上端放置目镜，下端与物镜转换器相连。双筒斜式的镜筒，两镜筒距离可以根据两眼距离及视力来调节。

（5）物镜转换器：是固着在镜筒下端的圆盘，其上装有不同倍数的物镜，可以左右自由转动，便于更换物镜。

（6）载物台：是放置切片的平台，中央有一个通光孔，旁边装有固定玻片的压片夹和标本移动器。有的显微镜载物台下装有聚光镜。

（7）调焦装置：镜臂两侧有粗、细调焦轮各一对，旋转时可使镜筒上升或下降，以便得到清晰物像，即调焦。大的一对是粗调焦轮，每旋转一周可使镜筒升或降10 mm（可因显微镜型号而异），用于低倍物镜观察；小的一对是细调焦轮，每旋转一周可使镜筒升或降0.1 mm，用于高倍物镜观察。使用时，必须先用低倍镜，调焦清楚后再换用高倍镜。

2. 光学部分

光学部分由成像系统和照明系统组成。前者包括物镜和目镜，后者包括反光镜（或内置光源）、聚光器。

（1）物镜：是决定显微镜性能（如分辨率）最重要的部件。它将标本第一次放大成倒像。物镜放大倍数一般为：4×、10×（低倍镜），20×、40×（高倍镜），100×（油镜）。使用油镜时，玻片与物镜之间需加入折射率大于1的香柏油作为介质。

在40×物镜上标有"40/0.65，160/0.17"字样，40表示物镜放大倍数；0.65表示镜口率，其数值越大工作距离越小，分辨率越高（分辨率是指显微镜能分辨两点之间最小的距离）；160表示镜筒的长度（mm）；0.17表示要求盖玻片的厚度（mm）。

（2）目镜：目镜的作用是将物镜放大所成的像进一步放大，放大倍数有5×、10×、15×等。目镜内可安装"指针"，也可安装测微尺。

（3）聚光器：由聚光镜和虹彩光圈（可变光阑）组成。聚光镜可以使光汇集成束，增强被检物体的照明。虹彩光圈通过拨动其操作杆，可使光圈扩大或缩小，借以调节通光量。有的聚光器下方还有一个滤光片托架，根据镜检需要可放置滤光片。结构简单的显微镜无聚光器，仅有光圈盘，其上有若干个大小不同的圆孔，使用时选择适当的圆孔对准通光孔。

（4）反光镜：反光镜的作用是把光源投射来的光线向聚光镜反射。反光镜有平、凹两面，平面镜反光，凹面镜兼有反光和聚光的作用。一般前者在强光下使用，后者在弱光下使用。目前使用较多的是装有内置光源的显微镜，它没有反光镜，调节光线时只要打开电源开关，使用光亮调节器即可。

二、光学显微镜的使用方法

1. 取放

拿取显微镜时，应一只手握住镜臂，另一只手平托镜座。将显微镜放置在桌子左侧距桌边 5～10 cm 处，以便腾出右侧位置进行观察记录或绘图。

2. 对光

对光时，先将低倍物镜对准通光孔，用左眼（或双眼）观察目镜。然后，调节反光镜或打开内置光源并调节光强，使镜下视野内的光线明亮、均匀又不刺眼。

3. 低倍镜的使用

将制作好的载玻片固定在载物台上，移动载物台，使观察材料正对着通光孔中心，双眼在一侧观察，右手调节粗调焦轮，尽量使物镜距玻片最近，然后，左眼（或双眼）注视目镜，慢慢用粗调焦轮下移载物台（或上移物镜），看见物像后，转换细调焦轮，直到图像清晰。

4. 高倍镜的使用

高倍镜观察的视野范围更小，使用前应在低倍镜下选好欲观察的目标，并将其移至视野中央，然后将高倍镜转至工作位置。高倍镜下视野变暗且物像不清晰时，可调节光亮度和细调焦轮，直至物像清晰可辨。

由于高倍镜使用时与玻片之间距离很近，因此，操作时要特别小心，以防镜头碰击玻片而击碎物镜或使染色液等药物渗入，腐蚀物镜。

5. 油镜的使用

在高倍镜下将要观察的部分移至视野中央，将载物台下降约 1.5 cm，然后将油镜转至工作位置。在盖玻片要观察的位置上滴一滴香柏油，慢慢抬升载物台，实验者从一侧观察，使油镜与油滴刚好接触，然后双眼注视目镜，慢慢调节细调焦轮使视野中物像清晰。

因油镜工作距离非常小（约为 0.2 mm），所以操作时要特别小心，防止镜头压碎玻片。油镜使用结束后必须及时用滴有二甲苯的擦镜纸将物镜镜头上的香柏油擦干净。抹擦时，只能向一个方向擦拭，每擦完一次都要更换擦镜纸，切记不能来回反复抹擦。

6. 调换玻片

观察时如需调换玻片，要先将高倍镜换成低倍镜，然后，取下原载玻片，换上新载玻片，重新从低倍镜开始调试观察。

7. 整理

观察完毕后，降下载物台，取下玻片，将物镜转离通光孔，呈非工作状态，按原样收好显微镜。

三、使用显微镜的注意事项

1. 显微镜是精密仪器，使用时一定要严格遵守操作规则，不许随意拆修。

2. 取送显微镜时，一定要平拿平放，要一手握住镜臂，一手平托镜座，使显微镜直立于胸前，不得倾斜，以防目镜从镜筒上端滑出。

3. 随时保持显微镜清洁。观察临时装片时，一定要将盖玻片四周溢出的水或其他液体用吸水纸吸干净，以免污染镜头。镜头被污染后要及时用擦镜纸擦拭。

4. 观察时，不要随意移动显微镜的位置，坐姿要端正，双目同时张开，切勿睁一眼、闭一眼或用手遮挡一只眼，以防疲劳。用左眼观察物体，右眼观察绘图。

5. 观察玻片时，一定要按先低倍镜、后高倍镜的顺序使用。细调焦轮是在观察到物像而物像不够清晰时才使用，切忌沿同一方向不停地转动细调焦轮。

6. 由低倍镜换高倍镜时，千万不要用手捏着物镜转动，而是应转动物镜转换器，以防物镜移位或脱落。

7. 用完显微镜后要移去载玻片，用纱布擦拭机械部分。光学部分如有污垢，用擦镜纸擦拭，千万不要用手指或纱布直接擦拭光学部分。存放显微镜时，将物镜移开光轴，以保护物镜。

8. 显微镜存放时要注意保持干燥，盒内应放一袋硅胶干燥剂。干燥剂吸水变色后要及时更换，以防光源部分受潮、发霉。

【思考题】

1. 在显微镜下看到的物像与标本有什么关系？
2. 在显微镜下移动标本，物像移动方向与标本移动方向是否一致，为什么？
3. 显微镜的机械部分主要由哪几部分组成？各有什么作用？
4. 显微镜的光学部分由哪几部分组成？各有什么作用？
5. 把物镜从低倍镜换至高倍镜时，应注意哪几点？

第二节　显微镜测微尺的使用方法

一、显微镜测微尺

显微镜测微尺能正确量出显微镜所观察物体的大小，包括镜台测微尺和目镜测微尺两种，两者配合使用后，能测量被观察物体的长度和面积。

镜台测微尺是一长方形的载玻片，在中央部分有一片具等分线的圆形盖玻片，上面的等分线长为 1 mm，被分成 100 个小格，每小格长 0.01 mm，即 10 μm（图 1-2）。

目镜测微尺是放在目镜内的一种标尺，是一块圆形玻璃片，直径 20～21 mm，正好能放入目镜内，上面刻有不同形式的标尺，有直线式和网格式两种，用于测量长度的一般为直线式，长 10 mm，也被分成 100 个小格。网格式的测微尺可以用于计算数目和测量面积（图 1-3）。

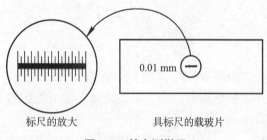

标尺的放大　　　具标尺的载玻片

0.01 mm

图 1-2　镜台测微尺

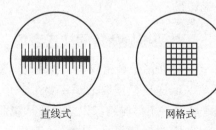

直线式　　　网格式

图 1-3　目镜测微尺

二、长度的测量方法

测量长度时，通常以目镜测微尺和镜台测微尺配合使用，先取出目镜，在目镜的下端筒的中部可见有一铁圈，将其旋转出来，然后将目镜测微尺的圆玻片放入，旋上铁圈，将目镜测微尺固定住。观察时即可在视野中看到目镜测微尺的标尺，但其每一小格的长度并不是实际长度，而是随物镜放大倍数的变化而变化，所以不能直接用它来测量长度，必须先用镜台测微尺标定每一小格的值。具体标定方法是将镜台测微尺放到载物台上，像观察普通标本一样，调节焦距直至标尺上的刻度清晰可见，然后移动镜台测微尺，使镜台测微尺与目镜测微尺的刻度重合，选取整数重合的一段，记录两者的格数，计算公式：

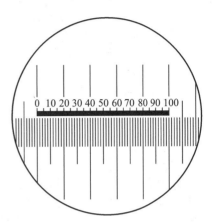

图1-4 测定目镜测微尺每格的实际长度

$$目镜测微尺每格的值 = \frac{\dfrac{两重合线间镜台}{测微尺的格数} \times 10\ \mu m}{两重合线间目镜测微尺的格数}$$

即可计算目镜测微尺每格的长度。例如：目镜测微尺的100格等于镜台测微尺50格，那么在当前的放大倍数下目镜测微尺每格的长度为5 μm（图1-4）。

【思考题】

1. 显微镜测微尺由哪两部分组成？各部分怎样使用？
2. 目镜测微尺每小格的值怎样计算？它是否是一个固定值？
3. 目镜测微尺有哪几种类型？各有什么作用？

第三节 植物徒手切片法及临时封片的制作

一、植物徒手切片法

研究植物结构时，常需要薄而均匀的切片，只有这样，聚光器的光束才能透过切片将物像反射到目镜，观察者才能看到它的内部结构，因此制作一张薄的切片是极为重要的。切片方法有多种，如冰冻切片法、石蜡切片法和徒手切片法等，但最常用的简单的切片方法是徒手切片法。徒手切片是用手持双面刀片或剃刀，将新鲜材料或预先固定好的材料（切前水洗）切成薄片，不经染色或经简单染色后，用水封片作临时装片观察。徒手切片法的优点是不需要复杂的设备，方法简便，制片迅速，而且能观察到植物组织的自然色泽和活体结构，常用于研究植物解剖结构、植物资源鉴定等。同时，它具有利于临时观察、能够较快得到结果的优点。缺点是对于体积过小、太软、太硬的材料则难于切片，而且不能制成连续切片。

（一）实验器具

培养皿、解剖针或毛笔、镊子、刀片（双面刀片、单面刀片或剃刀）等。

（二）试剂药品

一般做临时观察，可以不染色。但鉴于观察的需要和目的的不同，可选用下列快速染色剂进行染色：

（1）间苯三酚或 10 g/L 番红水溶液：染细胞核和木质化、栓质化细胞壁，以区分木质部和韧皮部细胞的初生壁还是次生壁。

（2）碘－碘化钾（I_2–KI）溶液：染细胞中的蛋白质和后含物淀粉、糊粉粒。

（3）0.001 g/L 钌红水溶液：染细胞间的胞间层，显示厚角组织。

（4）1 g/L 中性红水溶液：染细胞中的液泡。

（三）实验方法

1. 取材

选取发育正常、有代表性、软硬适度和便于手指夹持的材料。注意切片前应将材料保存在水中以防萎蔫。

2. 切片

用刀将材料截成长 2～3 cm、宽 0.3～0.5 cm 的小段，并将其切面削平；若为质地较软而薄的材料如叶片，可沿主脉两侧切成长 2～3 cm、宽 0.5～1.0 cm 的小片。将其夹在支持物中（如萝卜、胡萝卜根、马铃薯块茎等）或将材料卷成筒状直接进行切片。使用支持物时要先将支持物切成长 3～5 cm、宽 0.5～1.0 cm 的小块，将支持物沿长轴剖开 2/3，然后将修整好的材料夹入其中与支持物一起切片。切片前滴少许清水于刀面上，用以湿润材料以减少切片阻力，同时有黏附材料的作用。

切片时，手持刀片的右下方，左手的拇指、食指与中指夹住材料，拇指的位置稍低于食指，将刀片平放在左手食指上，并使材料高出食指 2～3 mm，且不宜太高。刀身放平，刀口与材料垂直，刀口的方向应向着切片者（图 1-5）。切片时要保持在同一水平面上，从材料的左前外方向右后方迅速拉切，不可来回拉锯式切，动作要迅速敏捷，切下的薄片用解剖针或湿毛笔将其轻轻移入盛水的培养皿中。

图 1-5　徒手切片法的手势

3. 装片

用镊子选取最薄而且透明的切片，放在载玻片的中央，滴一滴清水，制成临时封片。若需要简单染色，可按不同的目的选取染色剂。

4. 观察

将制好的临时封片，置于显微镜下观察。

二、临时装片的制作方法

用水制作成显微镜下可观察的装片称水封片，又称临时装片。

1. 清洁玻片

用于制作水封片的载玻片和盖玻片除要求无色、平滑、透明度好之外，使用前应用纱布擦拭干净。擦拭时，左手的大拇指和食指夹持盖玻片的边缘，右手大拇指和食指拿吸水纸或纱布上下均匀擦拭，因盖玻片极薄，注意擦拭时不要用力过猛使之破碎伤手。若载玻片和盖玻片很脏，可用乙醇溶液（酒精）擦拭或用碱水煮片刻，再用清水洗净擦干。

2. 滴水

将干净载玻片平放于实验桌面上，用吸管在玻片中央加一滴水（也可加滴染液），水可以保持材料呈新鲜状态，避免材料干缩，同时使物像透光均匀，更加清晰。

3. 取材

用镊子撕取或挑取徒手切片已切好存放在培养皿中的材料。注意选取透明切片，不要过大或过多，并立即放入载玻片水中或染液中。如为表皮，要将其展平，不可重叠。

4. 加盖玻片

用镊子轻夹盖玻片的一边，用盖玻片的另一边先接触载玻片上的水滴，而后慢慢地把盖玻片轻轻放下，盖在材料上，尽量避免气泡产生。如有气泡，可用镊子轻轻抬起盖玻片赶出气泡，然后再慢慢盖上。如有水或染液溢出盖玻片，一定要用吸水纸吸干净。吸水时，尽量避免触碰到盖玻片，否则，盖玻片的移动会使切片的物像变形。

5. 染色

染液直接制作水封片是一种简易有效的方法，不易损坏切片。另外，也可在已制作好的水封片盖玻片的一侧加一滴染液，同时在另一侧边缘用吸水纸吸，使染液渗入盖玻片中，与材料充分接触，注意尽量不碰到盖玻片，否则会使物像变形。

一张良好的装片标准是：材料无皱折，不重叠，水分适宜，无气泡（图 1-6）。

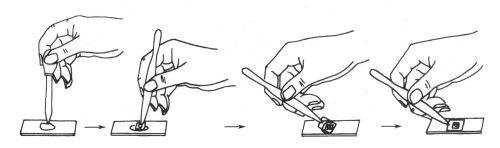

图 1-6　水封片的制作过程

【思考题】

1. 试述徒手切片的过程及注意事项。
2. 针对质地不同的材料有哪几种不同的徒手切片方法？
3. 怎样做好一张临时封片？

第四节　植物绘图方法、显微摄影及实验报告

一、植物绘图方法

（一）绘图的要求

1. 绘图应有严密的科学性，要真实、准确地反映出观察材料的主要特征。

2. 绘图前要认真、正确地进行观察，要养成耐心、细致、严肃的观察习惯。

3. 显微绘图的描述不同于美术绘图，显微绘图不可涂抹阴影，要求线条清晰，图像

的立体感和颜色的深、浅用点的疏密表示。

4. 绘图一律用铅笔，不用钢笔、圆珠笔或其他有色笔（实验报告全用铅笔完成）。

（二）绘图用具

绘图纸、2H 或 3H 硬性铅笔、直尺、橡皮等，有时需绘图仪。

（三）绘图步骤及方法

1. 根据实验要求，细致观察，选出较完整、典型，且特征显著的部分移到视野中部绘图。

2. 设定图的大小和位置：一般结构简单的图可画得小些（占实验报告纸面的 1/4～1/3），结构复杂的可画得大些（占实验报告纸面的 1/2～2/3）。绘图的位置一般应安排在实验报告纸的左上方，并留好注释文字和图题的位置。

3. 选好绘图的部分和位置后，先在纸上用铅笔轻轻打一轮廓，表明所绘图的长度和宽度，然后画出标本的大致形状，注意安排好各部分的比例和联系。

4. 正式绘图时要用 2H 或 3H 的铅笔，按顺手的方向运笔，描出与物体相吻合的线条。线条要一笔勾出，粗细均匀，光滑清晰，接头处无分叉和痕迹。切忌重复描。然后，用圆点衬影，表示明暗和颜色的深浅，给人以立体感。点要圆而整齐，大小均匀，根据需要灵活掌握疏密变化。切忌用涂阴影的方法代替圆点。整个绘图过程要不断使绘图铅笔保持尖圆。

5. 绘图完毕后要用引线和文字注明各部分名称。注释一律用正楷书写，应尽量详细，并要求用平行线把所注部分引出，一般应在图的右边。注释应注意整齐一致（图 1-7）。

6. 最后在绘图纸上方写上实验课程内容，在图的下方写上图题和所用绘图材料的名称及部位。在绘图纸最下方写上绘图的日期、姓名、班级。

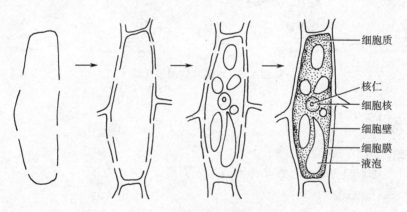

图 1-7　植物绘图的基本步骤

二、植物显微摄影方法

（一）显微摄影的要求

1. 教师端的电脑和学生的手机内必须安装无线网络互动系统软件。

2. 实验室要有网络条件，使教师端电脑与学生端显微镜图像联通。

3. 显微摄影前，认真挑选出玻片内完整、典型、特征明显的部分移至视野中央。

（二）显微摄影用具

目前教学及科研使用的显微摄影设备在构造和功能上存在差别，本书以"Motic DigiLab 3.0"为例进行操作说明。

（三）显微摄影的步骤及方法

显微摄影无线网络互动系统包括教师端和学生端，使用前必须互相开启连接。

1. 教师端：开启教师端显微镜、启动教师端计算机安装的无线网络数码互动实验系统（Motic DigiLab 3.0），如图 1-8。

图 1-8　网络数码互动实验系统

2. 学生端：在开启并调试好学生端显微镜的前提下，打开手机，连接无线网络互动系统的局域网。启动手机安装的软件 Motic DigiLab 3.0，并完成对应显微镜的设备登录，一般登录名称为设备编号加学生姓名，以便师生互动（图 1-9）。

1. 学生端点击"微观图像"，即可在手机屏幕上获得显微镜的实时动态视野（图 1-10）。

2. 点击"拍照"按钮，即可保存静态图像，并自动保存照片在手机相册中。

3. 点击"录制"按钮，可以录制显微镜下的动态视野，并自动保存视频在手机相册中。

4. 除拍照及录制功能外，系统还有自动添加比例尺的功能，也可以通过点击"测量"按钮进行实时显微测量操作。

（四）注意事项

使用显微镜的无线网络互动系统进行显微摄影时，需

图 1-9　学生手机端软件主页面

要保证显微镜成功连接安装有互动系统软件的计算机。在进行显微摄影前，首先要在低倍物镜下调节出清晰的视野，然后转至高倍物镜下观察。由于人眼直接观察的视野清晰度和互动软件捕捉的画面清晰度之间会存在一定的偏差和时滞，故在使用互动系统软件进行拍摄时，应该以计算机屏幕或手机呈现出的画面清晰度为准，适度调节细调焦轮至屏幕画面清晰再进行拍摄。此外，在保存照片和视频时可按拍摄内容命名，便于以后回顾和复习。

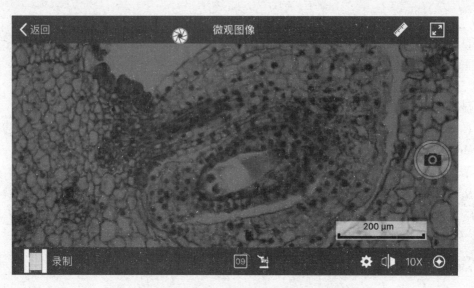

图 1-10 手机显示显微镜的实时动态视野

三、实验报告

实验报告，就是在某项科研活动或专业学习中，实验者把实验目的、方法、步骤、结果等，用简洁的语言写成书面报告。

实验报告必须在科学实验的基础上进行。成功或失败的实验结果的记载，有利于不断积累研究资料，总结研究成果，提高实验者的观察能力、分析问题和解决问题的能力，培养理论联系实际的学风和实事求是的科学态度。

（一）写作要求

实验报告的种类繁多，其格式大同小异，比较固定。实验报告，一般根据实验的先后顺序来写，主要内容有：

1. 实验名称。名称要用最简练的语言反映实验的内容，如植物细胞的结构、植物的成熟组织等。

2. 实验目的。一堂实验课要求掌握的技能和知识要点，目的要明确，要抓住重点。

3. 实验用的仪器和材料。如玻璃器皿、金属用具、试剂和染液等。

4. 实验的步骤和方法。这是实验报告极其重要的内容。这部分要写明依据何种原理、定律或操作方法进行实验，要写明经过哪几个步骤。如有需要可画出实验流程图，这样既简单明了，又节省文字。

5. 数据记录和计算。

6. 实验结果。即根据实验过程中所见到的现象和测得的数据，得出结论。

7. 备注或说明可写上实验成功或失败的原因，实验后的心得体会、建议等。

（二）注意事项

撰写实验报告是一件非常严肃、认真的工作，要讲究科学性、准确性、求实性。在撰写过程中，常见错误有以下几种情况：

1. 观察不细致，没有及时、准确、如实记录，不能准确地写出所发生的各种现象，不能恰如其分、实事求是地分析各种现象发生的原因。在记录中，一定要看到什么，就记录什么，不能弄虚作假。

2. 说明不准确，或层次不清晰。

3. 没有尽量采用专业术语来说明事物。

4. 外文、符号、公式不准确，没有使用统一规定的名词和符号。

实验报告应该是完全根据自己的实验经历所撰写的，是实实在在的实验结果的记录，只要有自己的体会与收获就是一篇合格的实验报告。

在植物学实验中大部分的实验报告以绘图的方式进行，因此掌握绘图技巧、绘制一张好的解剖图是出色地完成实验课的基础。

【思考题】

1. 总结植物学绘图过程中应注意的事项。

2. 简要描述显微绘图的方法及步骤。

3. 使用显微摄影和测量需要满足哪些条件？应注意哪些事项？

4. 实验报告包括哪几个部分？撰写实验报告过程中应注意哪些事项？

第二章 植物形态解剖实验

实验一 植物细胞的基本结构

【目的与要求】

1. 观察认识植物细胞在光学显微镜下的基本结构及主要组成部分。
2. 了解植物细胞内质体及后含物的种类和形态特征。
3. 观察纹孔、胞间连丝，建立细胞间相互联系的概念。
4. 学习徒手切片、水封片的制作方法和生物绘图等技能。

【材料选择与准备】

洋葱鳞茎、黑藻、红辣椒、马铃薯、蓖麻种子、柿胚乳永久封片、空心莲子草、紫鸭跖草和印度榕的叶等。

显微镜、擦镜纸、镊子、解剖针、载玻片、盖玻片、刀片、培养皿、吸水纸、滴管和纱布等。

蒸馏水、I_2-KI染液、饱和食盐水和苏丹Ⅲ染液等。

【实验内容与方法】

（一）洋葱鳞叶表皮细胞的结构

1. 临时装片的制作

取新鲜的洋葱肉质鳞叶，在其表面先用刀片割一个"井"字，然后，用镊子在"井"字中间撕下一小片透明的、薄膜状的内表皮或外表皮，迅速转移至已准备好的载玻片上的一滴水中，将它展平，盖上盖玻片，制成临时装片，然后放在显微镜上观察。

2. 细胞基本结构的观察

在低倍镜下观察洋葱鳞叶表皮细胞的形态和排列状况，选择比较清楚的细胞置于视野的中央，换用高倍镜进一步放大，仔细观察，识别以下各个部分（图2-1）：

（1）细胞壁：表皮所有的细胞几乎是一致的，每个细胞呈长多边形。细胞壁包围在原生质体的外面，比较透明，呈明亮的线条。两相邻细胞的侧壁，紧密连接，没有细胞间隙，由于果胶层不易看到，因此两相邻细胞之间只看到一层壁，但实际上，每个细胞都具

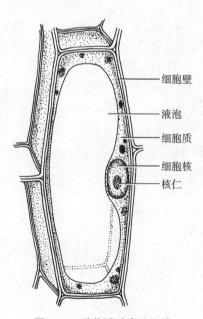

图2-1 洋葱鳞叶表皮细胞

有自身的壁。

用细调焦轮调焦，仔细观察，可看到细胞壁呈不连续的虚线状结构，是壁上初生纹孔场，而且一个细胞的纹孔场与相邻细胞的纹孔场相对排列。

（2）细胞质：最外层为细胞膜，膜内为无色透明的胶状物，被中央液泡挤成很窄的一层，仅在细胞的角隅部分明显可见。在细胞质中具有许多小颗粒，即各种细胞器。

液泡位于细胞的中央，一层膜包被，内充满细胞液，所以比细胞质透明。如果撕取的是紫红色的外表皮，液泡为紫红色，这是因为液泡中含花青素。细胞质与液泡的界面为液泡膜。

在盖玻片的一侧滴上一滴饱和食盐水，在另一侧吸去水分，使饱和食盐水渗入。经材料与饱和食盐水作用后，置于低倍镜下观察，找出几个较清晰的细胞，换置高倍镜，可看到原生质体因失水慢慢收缩，出现质壁分离现象。如果将封片中食盐水吸去，换成清水，再观察，细胞又将发生什么变化呢？

（3）细胞核：沉没在细胞质中，具较强折光率的圆球体，常随细胞质一起被液泡挤到一侧，紧贴着细胞壁成扁卵圆形。轻轻调节细调焦轮，在细胞核中可看到 1 至多个发亮的球形小颗粒，即核仁。

有时看不到细胞中的细胞质和细胞核，这是因为在撕取表皮时细胞常常被破坏，细胞内生活内容物已经从细胞中流失。除此情况外，在操作时可把显微镜光圈调小，增加反差；或者用 I_2-KI 染液染色，使细胞核和细胞质中的蛋白质被染成黄褐色而易于观察。

（二）质体

1. 叶绿体

取一片较嫩的黑藻叶片，制成水封片，在显微镜下可见细胞中有许多绿色的椭圆形颗粒，即叶绿体。观察时注意它们的形态与分布。

在高倍镜下观察叶片近中脉部位的细胞，寻找并观察某些细胞内按一定方向缓慢流动的叶绿体，观察它们流动的规律，并解释这一现象。

2. 有色体

取一小块红辣椒果皮，置于载玻片上捣碎，或切取小长条果肉，用徒手切片法，切成薄片，制成水封片，在显微镜下可见果肉细胞的无色细胞质中具有红色的长方形颗粒，即有色体。它与洋葱鳞叶外表皮细胞呈现的紫红色有什么本质不同？注意观察细胞壁成串珠状，解释其原因。

（三）胞间连丝的观察

取柿胚乳永久封片观察，高倍镜下可观察到细胞呈多边形，初生壁很厚，细胞内原生质体呈圆形，往往被染成深色或制片时已丢失变成空腔。调节细调焦轮注意观察许多穿过细胞壁的细丝，即胞间连丝，由细胞腔向外辐射状排列，并与相邻细胞的细丝相连（图 2-2）。

（四）后含物

1. 淀粉粒

将马铃薯块茎切开，用镊子将剖面处的细胞捣碎，镊取捣碎的细胞和汁液放在载玻片的一滴水中，洗出捣碎的细胞内含物——淀粉，水呈乳白色，去除残渣，制成水封片。显微镜下可见大小不等的卵圆形或椭圆形的颗粒，即淀粉粒（图 2-3）。高倍镜下仔细观察脐点和轮纹，区分单粒淀粉粒、复粒淀粉粒和半复粒淀粉粒。马铃薯含的半复粒淀粉

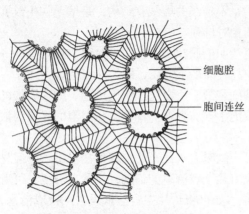

细胞腔

胞间连丝

图 2-2　柿胚乳细胞（示胞间连丝）

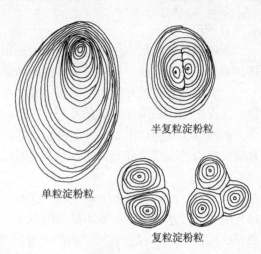

半复粒淀粉粒

单粒淀粉粒

复粒淀粉粒

图 2-3　淀粉粒

较少，需仔细寻找。也可在临时装片的一侧滴加少许 I_2-KI 染液染色，观察淀粉粒有何反应？为什么？

2. 蛋白质

剥去蓖麻种子坚硬的外种皮，用乳白色胚乳部分做徒手切片。马铃薯块茎选取带皮的部分做徒手切片，分别制成水封片，显微镜下可见在蓖麻胚乳薄壁细胞中有大量小而无同心圆纹及脐点的颗粒，即糊粉粒（图 2-4）。糊粉粒是植物细胞中贮藏蛋白质的主要形式。在马铃薯块茎近周皮的薄壁细胞内除淀粉粒外还有短柱形的结晶，即蛋白质晶体。在临时装片的一侧滴加少许 I_2-KI 染液染色，观察有何反应？为什么？

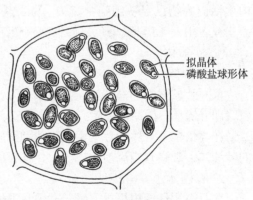

拟晶体
磷酸盐球形体

图 2-4　糊粉粒

3. 脂肪

脂肪一般是以油滴状存在于植物细胞中。取蓖麻种子胚乳做徒手横切，滴加苏丹Ⅲ染液染色并制成封片，显微镜下观察，可见胚乳细胞中有被染成橘黄色的油滴，即为贮藏的脂肪。

4. 结晶体（图 2-5）

（1）取空心莲子草（水花生），将其茎作徒手横切，制作水封片，置于显微镜下观察，可见到花朵状的草酸钙簇晶。

（2）取紫鸭跖草茎作徒手横切，并制作水封片，置于显微镜下观察，可见茎中心髓的薄壁细胞中，整齐成束排列的针状草酸钙结晶即针晶。

（3）取印度榕叶，垂直于主脉切取一长条，作徒手切片，制作水封片，置于显微镜下观察，可见叶表皮中有些大型的薄壁细胞，它们的外切向壁细胞中央长出一个柄状突起，在柄的先端有一圆球体，表面具有刺突状的结晶，即钟乳体，为碳酸钙结晶。

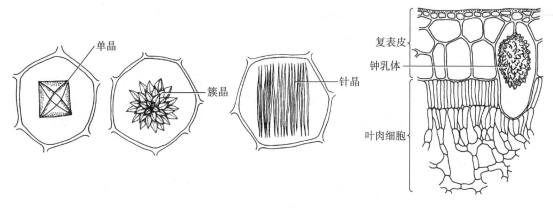

图 2-5　几种结晶体

【实验报告】

1. 绘制几个洋葱鳞叶的表皮细胞，并注明各部分名称。
2. 绘制马铃薯的各种淀粉粒。
3. 绘制蓖麻种子细胞内的一个糊粉粒。

【思考题】

1. 洋葱鳞叶外层表皮细胞的红色与红辣椒的红色，其显色原理是否一样？
2. 你所做的洋葱鳞叶内表皮临时水封装片中，每个细胞都可见到细胞核吗？为什么？
3. 不同植物的淀粉形态结构各有何不同？
4. 结晶体在细胞中是如何形成的？在中药材的显微鉴别中有何作用？

实验二　植物的组织

【目的与要求】

1. 掌握植物各类组织的形态结构、细胞特征及其在植物体内的分布。
2. 了解植物各类组织间的相互关系，并理解组织与功能的统一关系。

【材料选择与准备】

　　洋葱根尖纵切永久封片、马铃薯块茎、美人蕉叶、新鲜青菜叶、蚕豆叶、玉米叶、南瓜茎、椴树（或梨）茎横切面永久封片、新鲜梨果实、桂花叶、天竺葵茎横切面永久封片、棉花叶横切面永久封片、松茎横切面永久封片、蒲公英、橘皮；松木质部的离析材料、葡萄茎离析材料或木槿茎离析材料等。

　　显微镜、擦镜纸、载玻片、盖玻片、镊子、刀片、培养皿、吸水纸、纱布和滴管等。

　　蒸馏水、间苯三酚染液、番红染液、苏丹Ⅲ染液和 I_2-KI 染液等。

【实验内容与方法】

（一）分生组织

取洋葱根尖纵切永久封片，先在低倍镜下找到根尖的先端，区分根冠、分生区、伸长区和成熟区，比较各区细胞的大小、形状，细胞核的有无和大小，细胞质染色的深浅，液泡的大小、数量以及细胞间隙。并在分生区找出处于分裂期的前期、中期、后期和末期的细胞，比较染色体的变化。

（二）薄壁组织

薄壁组织广泛存在于植物体中，其共同结构特点是：细胞体积大、近圆形，细胞壁薄，液泡大，细胞间隙发达，具同化、吸收、贮藏和通气等功能。用徒手切片法制作水封片进行观察：马铃薯块茎薄壁细胞中含大量的淀粉——贮藏组织；美人蕉叶柄薄壁细胞形成很多臂状突起，末端互相连接，构成很大的气室——通气组织；各种绿色叶片横切可见，叶肉细胞内含大量叶绿体，进行光合作用，制造有机养料——同化组织。

（三）保护组织

1. 初生保护组织

撕取一小片蚕豆叶的下表皮，置于载玻片上，制成水封片（可用 I_2-KI 溶液制成水封片），可看到表皮细胞结合紧密，没有细胞间隙，细胞壁边缘呈波状彼此嵌合，细胞内原生质体呈一薄层，中间有大液泡，不含叶绿体。在表皮细胞间有一椭圆形结构，即气孔器。注意观察气孔器在表皮上的分布情况，换高倍镜观察保卫细胞的细胞壁，厚薄是否完全一致，细胞中有无叶绿体，这些结构特点和气孔器的开关有什么关系？

取一段新鲜玉米叶，平放在载玻片上，上表面朝上。用左手紧压其两端，右手持刀片轻轻地把上表皮及叶肉等其他组织刮掉，仅剩下一层透明的、薄膜状的下表皮。然后用刀片割取一小片透明的表层，制成水封片，置于显微镜下观察，可看到表皮呈纵行排列，由长短不同的细胞组成，长细胞中间夹着短细胞。气孔器由两个两端膨大的哑铃形保卫细胞、两个半圆形的副卫细胞和中间的孔组成。注意观察气孔器的分布及结构特点，及其结构与气孔的开闭有何联系，并与蚕豆的气孔器相比较（图2-6）。

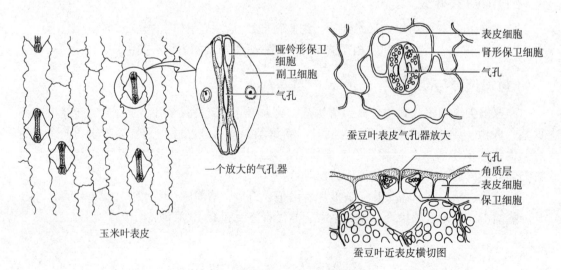

图 2-6 蚕豆叶和玉米叶的表皮细胞

2. 次生保护组织

取椴树（或梨）茎横切永久封片，或用新鲜材料徒手切片，用间苯三酚染液直接制成水封片，置显微镜下观察。最外几层被染成红色的细胞是木栓层，它的细胞壁栓质化，不透水、不透气，执行保护功能，木栓层内有 1 层细胞，壁薄、扁平，其原生质浓厚，细胞具分裂能力，称木栓形成层，由于它的活动，向外分裂的细胞形成木栓层，向内分裂的细胞形成 1 ~ 2 层栓内层，三者共同构成周皮。换高倍镜仔细观察组成周皮的细胞的形态和排列特点（图 2-7）。

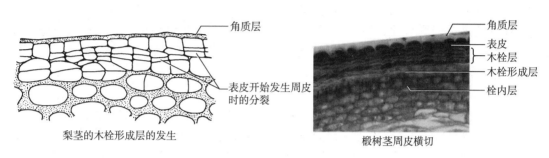

梨茎的木栓形成层的发生　　　　椴树茎周皮横切

图 2-7　周皮的形成

（四）机械组织

1. 厚角组织

取南瓜茎（或芹菜、蓖麻的叶柄等），作徒手横切片，制成水封片观察，在南瓜茎外围突起的棱处往往有发达的厚角组织。仔细观察厚角组织的细胞壁增厚的方式和在茎中分布的位置。用间苯三酚染液染色后，有何变化？为什么？

2. 厚壁组织

在上述切片中，可以看到有 2 ~ 3 层细胞壁均匀增厚的多边形细胞，相互连接紧密，排成一圈，这就是厚壁组织。它们的细胞腔内无原生质体，细胞壁强烈木质化，用间苯三酚染液染色后，细胞壁被染成红色，为什么？

（1）纤维：取木槿皮的一小部分，按照组织离析法事先制成离析材料，贮存备用。观察时，用镊子取出一小撮置于载玻片上的一小滴水中，用解剖针将其拨匀，盖上盖玻片。在显微镜下观察，纤维细胞细长而两端锐尖，细胞壁厚且细胞腔窄，原生质体解体，但有时还有颗粒状内容物的残留。

（2）石细胞：取一小块梨果肉，选取其中的颗粒（梨渣），置载玻片上，用解剖针拨开压碎（可用番红染液染色），置显微镜下观察，可看到一些细胞壁增厚、细胞腔小的等径或长方形细胞，即石细胞。仔细观察其形态特征，注意纹孔有何特点？用间苯三酚染液染色后，观察石细胞的颜色变化。

取桂花叶片作横切面，制成水封片，在显微镜下观察，可以看到桂花叶片的叶肉组织内夹有骨状石细胞，一般与栅栏细胞平行排列与上、下表皮相接触，有的纵贯叶肉，细胞大多有少量分支，细胞腔窄而中空。用间苯三酚染液染色，观察骨状石细胞的壁有何变化？

（五）输导组织

1. 木质部和韧皮部

取南瓜茎做横切，制成水封片，可以看到南瓜茎包含有 10 个维管束，每个维管束包埋在大的薄壁细胞群中，它的外侧和内侧均有韧皮部，中间为木质部。用间苯三酚染液染色，木质部大多被染成红色，而韧皮部则为无色或略带黄色。移动载玻片，在木质部内呈红色的厚壁细胞管腔大的为导管，管腔小的为木纤维细胞。注意导管内有无原生质体，与邻近的木薄壁细胞有无区别。移动载玻片，在韧皮部内，一些大型的六边形细胞为筛管，用高倍镜观察，可以看到有的筛管中有明显的筛板，显示出多孔的结构，在筛管的一侧可找到小型四边形或三角形的细胞，即为伴胞。

制作南瓜茎的纵切片，经间苯三酚染色后，木质部可见红色的环纹、螺纹及网纹导管，口径依次增大；在韧皮部，可以找到筛管，仔细观察筛板的结构。与筛管相伴存在的小型薄壁、原生质浓厚、染色深的细胞，即为伴胞。

2. 导管和管胞

取松木质部的离析材料少许，置载玻片上，用番红染液染色，用蒸馏水封片，在显微镜下可看到许多两端尖的长形细胞，这就是管胞。根据加厚程度和形状不同，分环纹、螺纹、梯纹、网纹和孔纹管胞，选 1～2 个清晰而完整的管胞，换高倍镜，仔细观察其形态，注意有无原生质体？有无细胞核？壁上纹孔有何特征？

用葡萄茎（或南瓜茎）的离析材料，经番红染液染色后，用蒸馏水封片，在低倍镜下寻找长形、两端开口、壁上有不同程度加厚的纹饰结构，它们由数个细胞连接组成，每个细胞称为导管分子，整个管子就是导管。根据加厚情况不同，分环纹、螺纹、梯纹、网纹及孔纹导管几种类型，仔细寻找并且观察它们的形态结构，与组成松的木质部的细胞相比较，找出它们的相同点，分析它们的形态结构与功能的关系。

3. 筛管和伴胞

取南瓜茎纵切，首先找到韧皮部存在的位置，然后在其中寻找口径较大的长管状细胞，即为筛管，每个细胞称为筛管分子。筛管细胞也是上下相连，高倍镜下可见连接的端壁所在处稍微膨大，染色较深，即为筛板，有些还可见到筛板上的筛孔。筛管无细胞核，其细胞质常收缩成一束。在筛管侧面紧贴着染色较深的、具明显细胞核的细长薄壁细胞，即伴胞。

（六）分泌结构

1. 腺毛

观察天竺葵茎横切片，表皮上可以看到由单个圆形细胞和其下 1～2 个柄细胞组成的腺毛。

2. 蜜腺

观察棉花叶中脉通过蜜腺的横切片，可以看到叶背面的表皮形成一个凹陷，而且在凹陷区域集中分布了多细胞结构的腺毛，这种腺毛的柄与头部细胞有无区别？

3. 分泌腔

橘皮上透明的小点就是分泌腔所在，最初它们是一群分泌细胞，内含分泌物质，在发育过程中分泌物逐渐增多，分泌细胞解离，分泌物存于囊中，形成分泌囊。取橘皮作徒手切片，用苏丹Ⅲ染液染色，制作水封片，在显微镜下仔细观察其结构特点。

4. 树脂道

取松茎横切面永久封片，在低倍镜下找到皮层，可以看到一些大小不等的圆孔，即树脂道。选一个清晰的树脂道在高倍镜下观察其结构和分泌细胞。

5. 乳汁管

取蒲公英根作徒手切片，用 I_2-KI 染液染色，制作水封片，观察乳汁管的结构。

【实验报告】

1. 绘蚕豆叶和玉米叶表皮细胞图，并注明各部分名称。
2. 绘南瓜茎横切面图，并注明各部分名称。

【思考题】

1. 厚角组织与厚壁组织有何不同？
2. 各种成熟组织都来自分生组织，为什么它们之间存在如此大的差异？
3. 组成单、双子叶植物气孔器的细胞及其结构有何不同？其结构如何与其功能相适应？
4. 输导组织包括哪两部分？各由哪些细胞组成？形态上如何区分？

实验三　植物根的初生结构和次生结构

【目的与要求】

1. 了解根的形态和侧根发生的部位及其形成。
2. 掌握双子叶植物根的初生结构和次生结构的特点。
3. 掌握单子叶植物根的结构特点。

【材料选择与准备】

蚕豆整棵植株（或豌豆整棵植株）、玉米整棵植株（或小麦整棵植株）、棉花幼根横切面永久封片（或新鲜豌豆根、大豆根等）、小麦幼根横切面永久封片（或新鲜玉米根、小麦根）、棉花幼根（示侧根）、棉花老根横切面永久封片等。

显微镜、擦镜纸、载玻片、盖玻片、镊子、刀片、培养皿、吸水纸、纱布和滴管等。

蒸馏水、间苯三酚染液、番红染液和固绿染液等。

【实验内容与方法】

（一）根的形态

1. 直根系

取蚕豆（或豌豆）的植株，可以看到一条明显粗壮由胚根发育而来的主轴，即主根。在主根上形成许多分枝，称侧根，主根上产生的分枝称一级侧根，一级分枝上再产生的分枝称二级侧根，以此类推。这些不同级的根组成了植物的根系，具明显主根的根系称直根系。注意观察侧根在主根上的分布规律。

2. 须根系

取玉米（或小麦）的植株，整棵植株的根在粗细上较均匀，没有明显主、侧根之分的根系称须根系。仔细观察，可看到这些根由胚轴和茎基部节上产生，为不定根（图2-8）。

（二）根的初生结构

1. 双子叶植物根的初生结构

用新鲜豌豆或大豆的根制作徒手切片（或取棉花幼根横切面永久封片），用间苯三酚染液制作水封片，置于低倍镜下观察，区分表皮、皮层和维管柱3部分结构，观察各部分所占的比例，通过高倍镜由外至内逐层观察（图2-9）。

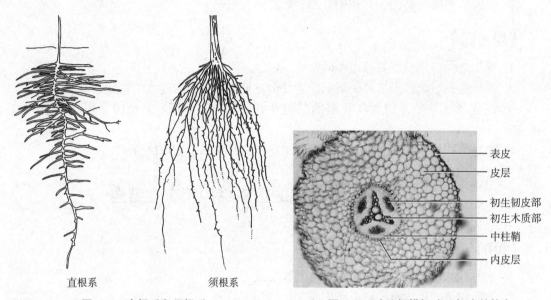

图2-8 直根系和须根系　　　　图2-9 豌豆根横切（示初生结构）

（1）表皮：位于根最外层的一层细胞，排列整齐紧密，横切面上呈近方形，其中有些细胞外壁向外突起形成根毛。注意观察根的表皮有无气孔器，表皮之外有无角质层。

（2）皮层：位于表皮以内，占幼根的大部分，由多层薄壁细胞组成。可进一步分为外皮层、皮层和内皮层3部分。

① 外皮层：紧接表皮的1~2层，排列紧密，体积较小，无间隙的细胞。

② 皮层：细胞体积较大，层数较多，排列疏松，呈圆形或多边形，具有发达的胞间隙。

③ 内皮层：皮层最内的一层，常由一层细胞组成，细胞体积较小，排列整齐紧密，无胞间隙。在细胞横向壁和径向壁上具有一环带状栓质化和木质化增厚的结构，即凯氏带结构。在根的横切面上可见内皮层的径向壁被染成红色的凯氏点。

（3）维管柱：内皮层以内所有的部分即维管柱，在根中又称中柱，细胞小而密集，由中柱鞘、初生韧皮部、初生木质部和薄壁细胞组成。

① 中柱鞘：维管柱的最外层，细胞壁薄，通常1~2层细胞，排列整齐而紧密，具有潜在的分生能力，在根的次生生长中起着重要的作用。侧根、木栓形成层和部分维管形成层都发生于中柱鞘。

② 初生木质部：中柱鞘内可看到被染成红色的木质部导管，其细胞壁厚而胞腔大，

常排成 2~6 束的星芒状。每束导管口径大小不一，靠近中柱鞘的导管最先发育，口径小，为原生木质部；靠近中心的导管发育较晚，口径大，为后生木质部。

③ 初生韧皮部：与木质部相间排列，细胞小，排列紧密，由韧皮纤维、筛管、伴胞和韧皮薄壁细胞组成。幼根韧皮纤维常未发育。

④ 薄壁细胞：包括木质部与韧皮部之间的几列薄壁细胞和髓部的薄壁细胞（不发达），其中木质部与韧皮部之间的薄壁细胞具有潜在的分裂能力，参与次生生长时维管形成层的形成。

2. 单子叶植物根的初生结构

用小麦新鲜幼根横切或小麦幼根横切永久封片，置于低倍镜下观察，区分表皮、皮层和维管柱 3 部分，观察各部分所占的比例，通过高倍镜由外至内逐层观察（图 2-10）。

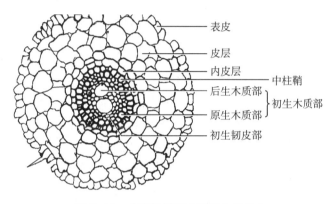

图 2-10　小麦根横切（示初生结构）

（1）表皮：包围在根的最外层，排列紧密，常见突起的根毛。

（2）皮层：靠近表皮的 1~2 层细胞，体积小，排列紧密，称外皮层。在较老的材料中可看到 2~3 层厚壁细胞，细胞壁常木质化或栓质化，以后可代替表皮起保护作用，被番红染液染成红色。皮层最内层是内皮层，内皮层细胞不仅在径向壁和横向壁上木质和栓质增厚，而且在内切向壁上，也同样木质和栓质增厚，在横切面上呈现马蹄形增厚形态，只有外切向壁仍保持薄壁。但在正对着原生木质部处的内皮层细胞常不增厚形成通道细胞。

（3）维管柱：内皮层以内就是维管柱，细胞小而密集，由中柱鞘、初生韧皮部、初生木质部和薄壁细胞所组成。中柱鞘为中柱最外层，向外紧贴内皮层，由一层个体较小、排列紧密的薄壁细胞构成。在中柱鞘之内初生木质部与初生韧皮部相间排列。原生木质部发生早，细胞口径小，在外侧。后生木质部发育较晚，细胞口径大，在内侧。韧皮部细胞在低倍镜下不太明显，可在高倍镜下观察。最中心是薄壁细胞组成的髓或被后生导管占据。

（三）侧根的发生

观察棉花根横切面永久封片，可见侧根的形成情况。侧根起源于根毛区中柱鞘细胞，大多是正对着原生木质部脊部位的中柱鞘细胞恢复分生能力，形成侧根原基的突起。

（四）根的次生结构（双子叶植物）

取棉花老根横切面永久封片（图 2-11），主要的特点是形成层环已由波浪形变成了圆

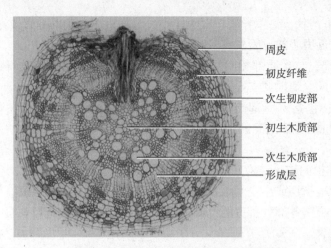

周皮
韧皮纤维
次生韧皮部
初生木质部
次生木质部
形成层

图 2-11　棉花老根横切（示次生结构）

环形，并向外产生少量的次生韧皮部，向内产生大量的次生木质部。同时木栓形成层细胞分裂已产生周皮。先在低倍镜下观察，辨别周皮、次生韧皮部、形成层、次生木质部、初生木质部和射线的形态特征、所处的位置和在横切面上所占的比例，然后转换至高倍镜仔细观察各个部分结构特点。

（1）周皮：为老根最外面的几层细胞，由木栓层、木栓形成层和栓内层 3 部分组成。

①　木栓层：周皮最外面 2~3 层细胞或更多层细胞，横切面呈扁方形，细胞壁栓质化、径向壁排列整齐，常被染成棕红色，是没有细胞核的死细胞。

②　木栓形成层：在木栓层之内，被固绿染液染成蓝绿色的扁平薄壁细胞，内有原生质体。木栓形成层是由中柱鞘细胞恢复分生能力而形成的，主要进行平周分裂，向外分裂产生木栓层细胞，向内分裂产生栓内层细胞。

③　栓内层：在木栓形成层之内的 1~2 层较大的薄壁细胞。

（2）初生韧皮部已被挤损，分辨不清，理论上应该位于与初生木质部相间、紧贴栓内层的位置。

（3）次生韧皮部：位于周皮之内，形成层之外，由筛管、伴胞、韧皮纤维和韧皮薄壁细胞组成。除韧皮纤维被染成红色外，大部分细胞被固绿染液染成深浅不同的蓝绿色。许多韧皮薄壁细胞在径向面上排列成行，起横向运输的作用。韧皮纤维呈束状排列，分布在筛管和伴胞周围，保证物质的通畅运输。

（4）形成层：位于次生韧皮部和次生木质部之间，有几层被染成浅绿色的扁长形细胞。实际上形成层只有一层具有强烈分裂能力的细胞，刚产生的细胞尚未分化成熟，与形成层的细胞很难区分，因此，在横切面上看到的是多层细胞组成的形成层区域。

（5）次生木质部：位于形成层以内，被染成红色的区域，包括导管、管胞、木纤维和木薄壁细胞。其中导管易于辨认，是一些口径大，被染成红色的死细胞，管胞和木纤维在横切面上口径均较小，可与导管区分，一般也被染成红色，但二者之间不易辨认。木薄壁细胞夹杂在其中，是活细胞，大部分木薄壁细胞排列整齐，呈径向放射状排列构成木射线。木射线和韧皮射线是相连的，合称维管射线。

（6）初生木质部：位于根的中心，棉花根的初生木质部为四原型，在中心有明显密集的 4 束细胞群，十字形排列，导管口径小于次生木质部，能辨别出原生木质部和后生木质部。大多根没有髓，外始式分化的木质部常分化至中心。

【实验报告】

1. 绘豌豆根的初生结构，并注明各部分名称。
2. 绘棉花老根的次生结构，并注明各部分名称。

【思考题】

1. 蚕豆（或大豆）和豌豆根的结构各有何特点？
2. 如何区别初生木质部的原生木质部和后生木质部？
3. 木质部外始式分化有何生物学意义？
4. 双子叶植物根的初生结构与次生结构有哪些区别？
5. 如何区别双子叶植物根的初生结构和单子叶植物根的结构？

实验四　植物茎的初生结构和次生结构

【目的与要求】

1. 掌握茎尖结构和分生组织特点及其分化过程。
2. 掌握单、双子叶植物茎的初生结构，并了解其形成过程。
3. 掌握双子叶植物和裸子植物茎的次生结构，并了解其形成过程。
4. 了解茎三个切面的结构特点。

【材料选择与准备】

黄杨、杨柳、海棠、梨和松的枝条，丁香茎尖纵切面永久封片，苜蓿、蚕豆、向日葵和天竺葵幼茎的新鲜材料或永久封片，玉米、小麦和松茎横切面永久封片或新鲜材料，三年生椴树茎永久封片和椴树茎、松茎三切面永久封片等。

显微镜、擦镜纸、载玻片、盖玻片、镊子、刀片、培养皿、吸水纸、纱布和滴管等。

蒸馏水、间苯三酚染液、番红染液和 I_2–KI 染液等。

【实验内容与方法】

（一）茎的基本形态

（1）取多年生木本植物（黄杨、杨柳等）的枝条，观察其形态特征，并辨认出节与节间、顶芽与腋芽、叶痕与束痕、芽鳞痕和皮孔。

节与节间：茎上生叶的部位称节，两个节之间的部分称节间。

顶芽与腋芽：着生于枝条顶端的芽为顶芽，着生于叶腋处的芽为腋芽。

叶痕与束痕：叶脱落后在茎上留下的叶柄的痕迹称叶痕；在叶痕内点状突起的结构是叶柄和茎间的维管束断离后留下的痕迹，称束痕。

芽鳞痕：顶芽开展时，外围的芽鳞片脱落后留下的痕迹。可根据芽鳞痕来判断茎的生长量和生长年龄。

皮孔：皮孔是茎与外界气体交换的结构，不同植物皮孔的形状、颜色和分布是不同的。

（2）取多年生木本植物（海棠、梨等）或裸子植物（松、银杏等）的枝条，区别长枝和短枝。

长枝：节间显著伸长的枝条。

短枝：节间较短、紧密相接的枝条。

（二）茎尖的结构

取丁香茎尖纵切面永久封片，在显微镜下可见外层包被有不同发育时期的幼叶，幼叶包被茎先端半圆形的生长锥。生长锥下方的外侧有小的突起，是叶的原始体，称叶原基。用高倍镜观察生长锥的结构，可见最外层1~2层细胞径向壁排列整齐，为原套；原套内具有一团排列紧密，呈多边形的细胞，为原体。在原套和原体的下面是初生分生组织，区别组成初生分生组织的原表皮、原形成层和基本分生组织，注意它们的细胞特征及各部分细胞的分化趋势。略靠下方的叶腋中，有腋芽原基的突起（图2-12）。

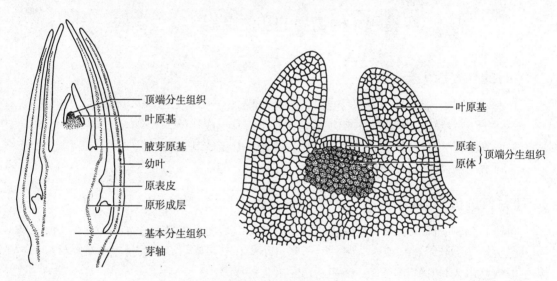

图2-12 茎尖纵切

（三）茎的初生结构

1. 双子叶植物茎的初生结构

（1）双子叶草本植物茎的初生结构：取苜蓿幼茎或蚕豆幼茎作徒手切片制作水封片，在低倍镜下观察区分出表皮、皮层和维管柱，然后转到高倍镜下仔细观察各部分的结构（图2-13）。

① 表皮：位于茎的最外层，具一层细胞，细胞较小，排列紧密，由原表皮分化而来。细胞外壁具角质层，同时还能观察到气孔和表皮毛等结构。

② 皮层：位于表皮内方，是表皮和维管柱之间的部分，为多层细胞。紧贴表皮内方棱角处的几层细胞比较小，在角隅处加厚，是厚角组织。厚角组织的内侧是数层皮层薄壁细胞，皮层的厚角组织和薄壁组织的细胞内均含有叶绿体，因此，幼茎常为绿色。皮层最内的一层细胞称内皮层（多数植物茎内皮层细胞不很显著或不存在）。用I_2-KI染液染色，可见内皮层中含有较多的淀粉粒，特称为淀粉鞘，有些植物不具淀粉鞘的结构。

③ 维管柱：皮层以内的部分，比较发达，包括维管束、髓射线和髓3部分。

a. 维管束：呈束状，在横切面上排成一轮，易于识别，由原形成层分化而来。每个维管束由外向内为初生韧皮部、束中形成层和初生木质部，韧皮部位于木质部的外方，为外韧维管束。由于束中形成层的存在，属于无限维管束类型。

初生韧皮部包括原生韧皮部和后生韧皮部，为外始式发育，由筛管、伴胞、韧皮薄壁细胞和韧皮纤维共同组成。

束中形成层是原形成层保留下来的仍具有分裂能力的分生组织，位于初生木质部与初生韧皮部之间，为2～3层狭长方形的小细胞，壁薄，染色浅。

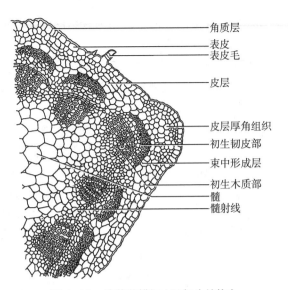

图 2-13　苜蓿茎横切（示初生结构）

初生木质部包括原生木质部和后生木质部。靠近茎中心的是原生木质部，发生早，导管口径小，染色深。其外方的是后生木质部，发生较晚，导管口径较大，染色较淡，为内始式发育。初生木质部由导管、管胞、木薄壁细胞和木纤维共同组成。

b. 髓射线：位于两个维管束之间的薄壁细胞，外连皮层内接髓，呈放射状，起横向运输的作用。

c. 髓：位于茎的中央，由薄壁细胞组成，所占比例较大，排列疏松，常具有贮藏的功能。有些植物髓的薄壁细胞解体，形成髓腔。

（2）双子叶木本植物茎的初生结构：取天竺葵茎的永久封片观察（图2-14），其基本结构和草本植物茎大致相同。

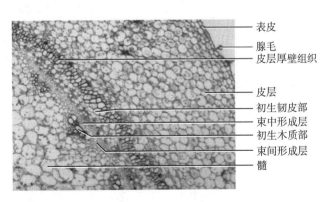

图 2-14　天竺葵茎横切（示初生向次生生长的结构）

① 表皮：位于茎的最外层，形状规则，排列紧密，无胞间隙，角质层明显，有表皮毛和腺毛，具有少量气孔。

② 皮层：位于表皮与维管柱之间，由多层细胞组成。近表皮的几层细胞为厚角组织，向内是皮层的薄壁细胞，细胞较大，排列疏松，有胞间隙，细胞内含有叶绿体，能进行光

合作用。在皮层的薄壁细胞内有多层厚壁组织，环绕在维管柱的外面，与厚角组织共同担负茎的机械支持作用。

③ 维管柱：皮层以内的部分，由维管束、髓射线和髓组成。维管束在维管柱内呈环状紧密排列，束间薄壁细胞较狭窄、不很明显。束中形成层明显，其外侧是初生韧皮部，内侧是初生木质部。

2. 单子叶植物茎的初生结构

（1）玉米茎结构的观察：取玉米茎徒手切片，并制作水封片，在低倍镜下观察，玉米茎的维管束散生于基本组织中，没有皮层、髓和髓射线之分。由外向内逐层仔细观察。

① 表皮：位于茎最外层细胞，排列紧密，从纵切面上看有长细胞和短细胞（硅细胞和栓细胞）之分。外壁常有角质或硅质化增厚，并有少量气孔分布。

② 基本组织：靠近表皮有 1～3 层排列紧密、形状较小、是厚壁的细胞组成的外皮层，呈环状排列，有机械支持的作用。幼嫩茎近表皮的几层细胞内含有叶绿体，呈绿色，能进行光合作用。其内为薄壁组织，是基本组织的主要部分，细胞较大，排列疏松，有胞间隙。越靠近茎的中央，细胞口径越大，维管束散生在基本组织中。

③ 维管束：维管束散生在基本组织中，多呈椭圆形。靠近茎外缘部分的维管束较多，较小，排列较紧密；靠近中部的维管束排列较稀疏，较大。选一个清晰的维管束在高倍镜下仔细观察，可见维管束外有 1 层被染成红色的厚壁细胞包围，呈鞘状的结构，即维管束鞘。初生韧皮部位于外方，原生韧皮部常被挤压而遭到破坏，后生韧皮部的细胞排列整齐，在横切面上可观察到呈近似六角形或八角形的筛管细胞和相伴排列的长方形的伴胞。初生木质部常含有 3～4 个口径较大、被染成红色的导管，原生木质部导管与后生木质部导管在横切面上排成"V"字形。在原生木质部处常因为细胞的生长，形成一个大的胞间隙。初生木质部与初生韧皮部之间没有形成层，属于有限维管束类型（图 2-15）。

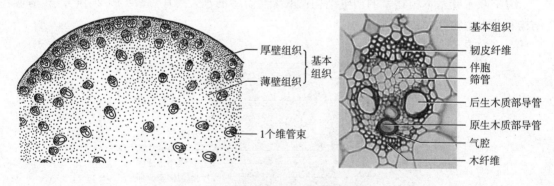

图 2-15 玉米茎横切和单个维管束放大

（2）小麦茎的结构观察：取小麦茎横切面永久封片，在低倍镜下观察维管束排列呈两轮，外轮维管束分布在厚壁细胞中，内轮维管束分布在薄壁细胞中，中央为髓腔（图 2-16）。注意与玉米茎作比较，区别它们之间的不同点。

水稻茎的结构与小麦结构相似，但水稻茎基本组织中和维管束都具发达的通气结构。

（四）茎的次生结构

1. 双子叶植物茎的次生结构

取 3 年生椴树茎的横切面永久封片，在低倍镜下区分周皮、韧皮部、形成层区域、木

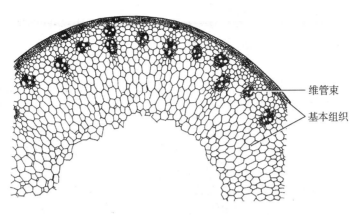

图 2-16　小麦茎横切

质部和髓等各部分（图 2-17）。观察各部分在横切面上所占的比例、结构特点及分布位置。然后在高倍镜下由外向内逐层仔细观察。

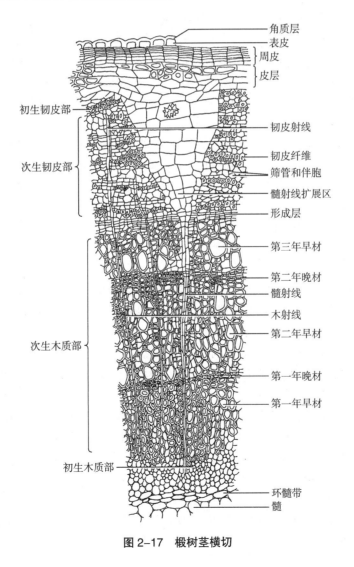

图 2-17　椴树茎横切

①　周皮：在茎的最外层，由木栓层、木栓形成层和栓内层共同组成。木栓层是最外方的几层细胞，扁平，排列整齐紧密，壁栓质加厚，为死细胞，被染成红色。木栓形成层位于木栓层内方，椴树茎的木栓形成层是由皮层最外层细胞恢复分裂能力形成的，在横切面上细胞扁平，细胞质浓，只有一层细胞，向外分裂产生木栓层（多层），向内分裂产生栓内层。栓内层是木栓形成层向内分裂、分化形成，常1~2层，是具细胞核的活细胞，细胞质很浓。周皮外常有表皮残留。

周皮的次生通气结构是皮孔，皮孔常发生在表皮气孔的位置，木栓形成层产生大量薄壁细胞——补充组织，将表皮撑破，形成裂口，用于气体交换。

②　皮层：在次生结构形成初期，在栓内层以内尚有皮层厚壁细胞和薄壁细胞，部分薄壁细胞内含有晶体。但较老的茎皮层已不再存在，周皮直接与维管柱相接。

③　维管柱：维管柱是木质茎的主要组成部分，由于形成层的活动，向外形成次生韧皮部，向内形成次生木质部，形成层的活动使次生组织不断增多，将初生木质部和初生韧皮部逐渐向内和向外推向更远方。由于形成层向外分裂的细胞较向内分裂的细胞少，所以韧皮部所占的比例小。

初生韧皮部紧接皮层，在有些切片中初生韧皮部因挤压而被破坏。

次生韧皮部位于初生韧皮部内侧，呈梯形，与放射状排列的髓射线扩展区细胞相间排列，由筛管、伴胞、韧皮薄壁细胞、韧皮纤维和韧皮射线共同组成。韧皮纤维是在横切面上呈束状的厚壁细胞群，被染成红色，与筛管、伴胞和韧皮薄壁细胞呈间隔排列。

维管形成层只有一层细胞，但因其衍生细胞尚未分化成熟，所以看上去细胞有多层，构成维管形成层区域。

形成层以内为次生木质部，在横切面上占有最大面积，由导管、管胞、木薄壁细胞、木纤维和木射线共同组成。由于不同生长季节分裂形成的细胞生长速度不同，细胞口径大小和壁的厚薄不同，可以明显看出年轮的界限。注意区分年轮线、早材（春材）与晚材（秋材）。

初生木质部位于次生木质部之内，突入髓部。

髓位于茎的中央，由许多薄壁细胞组成。外部紧靠初生木质部处，有数层排列紧密，体积较小的厚壁细胞（初生壁），含有丰富的贮藏物质，在横切面上染色较深，称环髓带。

髓射线是由维管束之间的射线原始细胞不断分裂产生的，呈辐射状排列，在木质部区域由1~2列细胞组成，在韧皮部髓射线薄壁细胞增大并分裂扩展，形成髓射线扩展区，呈倒三角形。

维管射线由维管束中的射线原始细胞分裂形成，向内分裂形成木射线，向外分裂形成韧皮射线，木射线和韧皮射线构成维管射线，与髓射线共同构成茎的横向运输系统。

2. 裸子植物茎的次生结构

观察松茎横切面的永久封片，与椴树茎作比较。木本裸子植物茎的内部结构与一般双子叶木本植物茎的结构基本相同。但裸子植物茎的皮层薄壁细胞中一般有分泌细胞围成的树脂道；韧皮部具筛胞而无筛管和伴胞，木质部具管胞而无导管和典型的纤维。

（五）茎的3种切面观

取椴树茎或松茎三切面的永久封片，仔细观察，区分横向切面、径向切面和切向切面（图2-18），并注意射线在三切面上形态，如何区分三种切面？

（1）横向切面：导管、管胞、木薄壁细胞和木纤维等都是横切面观，可以看出这些

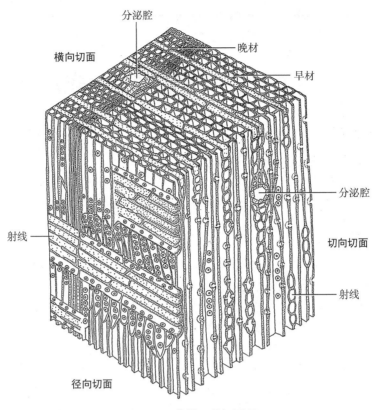

图 2-18　茎的 3 种切面观

细胞直径、壁的厚度和分布状况。射线为纵切面观，呈辐射状条形，显示射线的长度和宽度。

（2）径向切面：导管、管胞、木薄壁细胞和木纤维等都是纵切面观，可以看出组成细胞的长度、宽度和细胞两端形状，射线细胞与导管等细胞垂直，所见射线也是纵切面观，长方形的射线细胞呈砖墙状交错排列。在径向切面上能显示射线的高度，以及射线细胞的形态特征。

（3）切向切面：导管、管胞、木薄壁细胞和木纤维等都是纵切面观，可以看出组成细胞的长度、宽度和细胞两端的形状。射线是横切面观，显示射线的高度、宽度（射线高和宽各由几个细胞组成）。

【实验报告】

1. 绘蚕豆茎初生结构横切面的一部分（包括表皮、皮层和一个维管束），并注明各部分结构名称。

2. 绘三年生椴树茎次生结构图，并注明各部分结构名称。

3. 绘玉米茎的结构线条图和一个维管束的细胞图，并注明各部分的结构名称。

【思考题】

1. 比较双子叶植物根的初生结构与茎的初生结构的异同。

2. 比较单子叶植物茎与双子叶植物茎的初生结构的异同。

3. 比较射线在不同切面上的结构特点。

4. 比较裸子植物茎和被子植物茎的次生结构。

实验五　植物叶的形态和结构

【目的与要求】

1. 了解叶的外部形态和内部结构特征。

2. 比较不同生态类型叶片结构的特点，理解叶片结构与功能的适应性。

3. 掌握双子叶植物叶、单子叶植物叶和裸子植物松针叶的结构特点。

【材料选择与准备】

夹竹桃叶、棉花叶、蚕豆叶、青菜叶、睡莲叶、黑藻叶、玉米叶、小麦叶、马尾松（或黑松）叶和五针松叶的新鲜材料和永久封片。

显微镜、擦镜纸、载玻片、盖玻片、镊子、刀片、培养皿、吸水纸、纱布和滴管等。

蒸馏水、间苯三酚染液、番红染液和 I_2–KI 染液等。

【实验内容与方法】

（一）双子叶植物叶的结构

取三种生态型的叶，做徒手切片并制作水封片，在显微镜下仔细观察。

1. 旱生植物夹竹桃叶横切面结构（图 2-19）

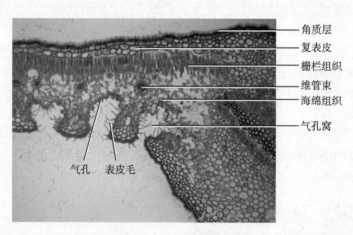

图 2-19　夹竹桃叶横切

（1）表皮：表皮是由 2～3 层细胞组成的复表皮，排列紧密，外被厚的角质层。下表皮有内陷的气孔窝结构，气孔窝内的表皮细胞常特化成先端弯钩形的表皮毛。

（2）叶肉：位于上下表皮之间绿色的薄壁组织，属同化组织。叶肉细胞分化成栅栏组织和海绵组织。靠近上、下表皮处，都有栅栏组织，中间为海绵组织，为等面叶。栅栏组织细胞圆柱形，栅栏状紧密排列，细胞间隙小，且富含叶绿体。近上表皮的栅栏组织常2～3层，近下表皮的栅栏组织常1～2层。海绵组织的细胞间隙不很发达。在有些叶肉细胞中，还会有晶体存在。

（3）叶脉：叶脉是叶肉中的维管组织。夹竹桃的主脉很大，侧脉比较小，分布密集。主脉的维管束是双韧维管束，还可以观察到形成层细胞。小脉的维管束只能看到木质部和韧皮部，木质部略发达。

2. 中生植物棉花叶（蚕豆叶或青菜叶）横切面结构（图 2-20）

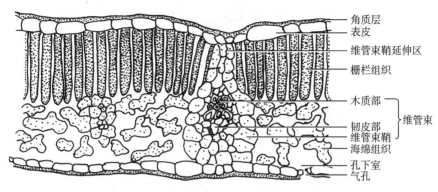

图 2-20　棉花叶横切

（1）表皮：由一层排列整齐的细胞组成，在横切面上呈长方形。表皮外壁常有角质层覆盖，并有表皮毛和腺毛结构。在表皮上还可以看到气孔器存在，注意分辨两个保卫细胞和气孔结构，气孔下方有气孔下室。

（2）叶肉：由同化组织构成，是光合作用的场所。棉花叶肉细胞分化为栅栏组织和海绵组织，栅栏组织在上表皮之下，由一层圆柱形细胞组成。海绵组织位于栅栏组织和下表皮之间，细胞不规则，间隙发达，细胞内所含的叶绿体较栅栏组织少。棉花叶为异面叶。

（3）叶脉：主脉的维管束较大，近上下表皮内均有机械组织起支持作用，机械组织内为薄壁组织，靠下表皮的基本组织较多，形成了明显的突起。主脉的维管束呈倒扇形，近轴面为木质部，导管排列放射状，导管之间为薄壁细胞；远轴面为韧皮部，细胞小而密集。木质部与韧皮部之间形成层不明显。侧脉维管束外由薄壁细胞组成维管束鞘，维管束鞘上接上表皮，下连下表皮，称维管束鞘延伸区，具上下运输的作用。侧脉越细，其结构越简单，木质部仅有导管，韧皮部仅有筛管。此外，叶片中还可见分泌腔结构。

棉花叶叶脉为网状，故在切片上能见到各种走向的侧脉。

3. 水生植物叶横切面结构

浮水生叶——睡莲叶（图 2-21）。

（1）表皮：细胞壁薄，外壁没有角质层或具较薄的角质层，上表皮分布有上突型的气孔，下表皮具较多的表皮毛。

（2）叶肉：组成叶肉的栅栏组织细胞多层，富含叶绿体；海绵组织分化成大型的气室，形成发达的通气结构。在上下表皮之间，还分化有大型、分枝状的石细胞，具有机械的支持作用。

（3）叶脉：叶脉的维管束韧皮部较木质部更为发达。

沉水生叶——眼子菜叶或黑藻叶（图 2-22）。

（1）表皮：细胞壁薄，内含叶绿体，外壁没有角质层，不具气孔。

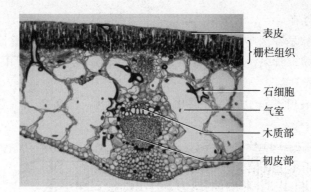

图 2-21　睡莲叶横切

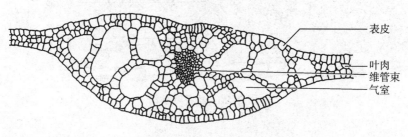

图 2-22　眼子菜叶横切

（2）叶肉：无栅栏组织和海绵组织之分，细胞间隙发达或分化成大型的气室。

（3）叶脉：叶脉维管束的韧皮部较木质部更为发达。

（二）禾本科植物叶片的结构

用玉米叶做徒手切片，并制作水封片。观察其结构，并与双子叶植物叶进行比较（图 2-23）。

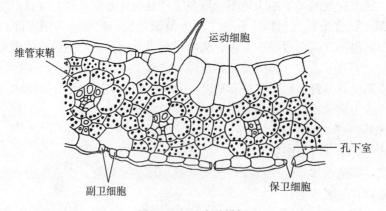

图 2-23　玉米叶横切

（1）表皮：细胞较小，形状较规则。外壁有硅质突起或栓质突起的细胞为短细胞中的硅细胞或栓细胞。观察气孔器结构，由两个较大的副卫细胞和两个较小的哑铃形保卫细胞组成，气孔下具孔下室。在上表皮两个维管束之间有几个大型的薄壁细胞，呈扇形排列，称泡状细胞或运动细胞，这种结构与叶片失水时呈拳卷状有关。

（2）叶肉：没有栅栏组织和海绵组织的分化，为等面叶。叶肉细胞排列紧密，胞间隙较小，向内皱褶，形成"峰、谷、腰、环"的结构，横切后形状不规则，内含有叶绿体。

（3）叶脉：维管束平行排列，为有限维管束。维管束鞘为大型单层的薄壁细胞，内含较大的叶绿体，与毗邻的叶肉细胞组成"花环形"结构，为 C_4 植物特有的结构。近轴为木质部，远轴为韧皮部。

再取小麦叶的横切片观察（图 2-24），并与玉米叶结构作比较，其结构特点与功能有何联系？

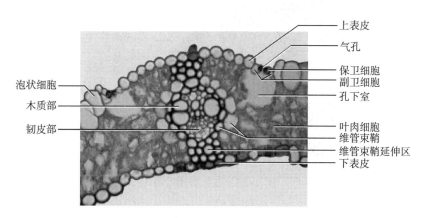

图 2-24　小麦叶横切

（三）裸子植物叶的结构

取马尾松（黑松）针叶做徒手横切，并制成水封片在显微镜下仔细观察（图 2-25）。

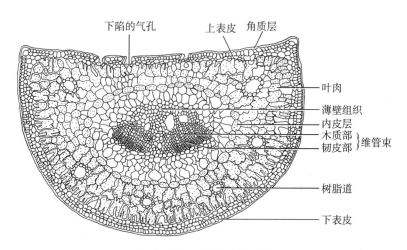

图 2-25　马尾松针叶横切

（1）表皮：细胞排列紧密，细胞壁厚，在表皮内有几层厚壁细胞组成的下皮层。气孔下陷，有 1 对保卫细胞和 1 对副卫细胞构成的气孔器。

（2）叶肉：叶肉不分化成栅栏组织和海绵组织。叶肉细胞形状不规则，为多皱褶，排列紧密，包含多个树脂道。叶肉内方有一圈排列整齐，称内皮层的细胞，这层细胞具有与根内皮层相同的凯氏带的结构。

（3）叶脉：在叶的中央有两个维管束，木质部在近轴面，韧皮部在远轴面，细胞都呈径向排列，木质部的管胞和薄壁细胞各自成行，交替排列。韧皮部筛胞和薄壁细胞也各自成行，交替排列。在内皮层和两束维管束之间有薄壁细胞组成的转输组织。

取五针松叶的横切片观察（图2-26），并与马尾松针叶作比较，其结构各有何特点？结构与其功能有何联系？

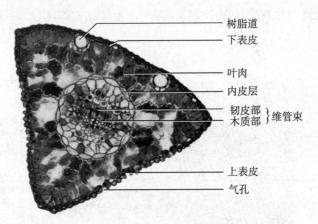

图 2-26　五针松叶横切

【实验报告】

1. 绘夹竹桃叶横切的一部分，包括一个维管束，注明各部分名称。
2. 绘玉米叶横切的一部分，包括一个维管束，注明各部分名称。
3. 绘松针叶横切的一部分，注明各部分名称。

【思考题】

1. 比较旱生植物、中生植物和水生植物叶在结构上的异同。
2. 比较小麦叶和玉米叶的结构特点。
3. 马尾松针叶的结构与其生长环境是如何相适应的？

实验六　花的形态、结构和花序的类型

【目的与要求】

1. 掌握被子植物花的外部形态及其组成部分的特征，了解花形态的多样性。
2. 学会花的解剖及使用花程式对花进行描述的方法。
3. 掌握各种花序的结构特点。

【材料选择与准备】

棉花花、蚕豆花、小麦花、豌豆花、马齿苋花、黄瓜花、野菊花、葱莲花、龙葵花、枇杷花、油菜花、向日葵花、益母草花、牵牛花、金丝桃花、萝卜花、荠菜花、梨花、苹果花、樱桃花、韭菜花、车前花、马鞭草花、柳树花、桑树花、枫杨花、玉米花、香蒲花、无花果花、南天竺花、水稻花、胡萝卜花、唐菖蒲花、勿忘草花、繁缕花和泽漆花等。避免采集重瓣花。

解剖镜、解剖针、镊子、载玻片、盖玻片、刀片和绘图纸等。

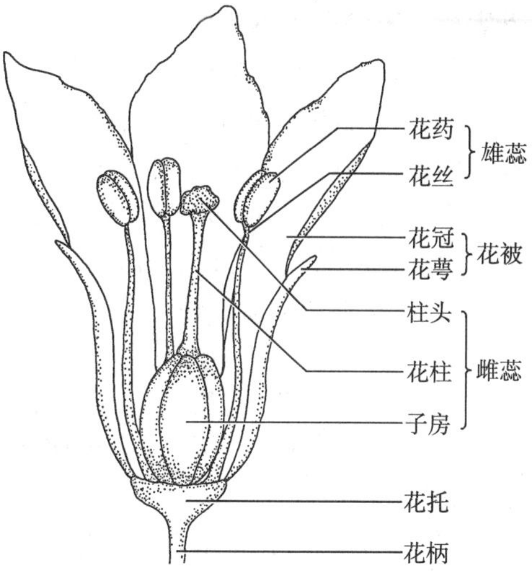

花药 ⎱ 雄蕊
花丝

花冠 ⎱ 花被
花萼

柱头
花柱 ⎱ 雌蕊
子房

花托

花柄

图 2-27　花的结构

【实验内容与方法】

（一）花的基本组成及结构特征

取新鲜的实验材料解剖观察，分别由外向内、由下向上逐层剥离，按顺序将它们放在纸上，并用解剖镜观察各种花的子房横切面，观察各部分形态与数量（图 2-27）。

1. 棉花花的解剖结构

副萼：绿色，位于花的最外轮，3 枚，广三角形。

花萼：绿色，位于花的第二轮，5 枚，镊合状排成一轮，基部联合成筒状。

花冠：幼时黄色，位于花萼内侧，5 枚，旋转状排列，分离，为离瓣花。

雄蕊：多数，花丝联合成筒状，花药分离，为单体雄蕊。

雌蕊：子房上位。将子房的中部横切，在解剖镜下观察，子房 1 个，由 3 ~ 5 心皮构成 3 ~ 5 室，中轴胎座，每室内含胚珠多数。

花程式：$* \male\female K_{(5)} C_5 A_{(\infty)} \underline{G}_{(3 \sim 5 : 3 \sim 5 : \infty)}$

2. 蚕豆花的解剖结构

花萼：绿色，5 枚，基部联合成筒状。

花冠：5 枚，为蝶形花冠，花瓣呈下降覆瓦状排列。外围最大的 1 片花瓣称旗瓣，紫色；两侧 2 片花瓣称翼瓣，白色，具黑色指示斑；最内侧的是两片靠合在一起，形似鸟的龙骨，称龙骨瓣，紫色。

雄蕊：10 枚，其中 9 枚雄蕊花丝的基部结合，包围在子房之外，1 枚雄蕊分离，称二体雄蕊。

雌蕊：1 枚，绿色，花柱弯曲，子房上位。将子房中部横切，在解剖镜下观察，子房为 1 心皮 1 室、边缘胎座，胚珠多数。

花程式：$\uparrow \male\female K_{(5)} C_5 A_{(9)+1} \underline{G}_{1:1:\infty}$

3. 小麦花解剖结构的观察

外稃：位于每朵小花的外侧，是位于小花下方的鳞状苞片，先端常有芒。

内稃：位于外稃的内侧，是位于外稃上方相对一侧鳞状的小苞片，有 2 脉，比外稃小。

浆片：在外稃内面的基部，有两片肉质透明的小片，称浆片，是花被退化而来。当开花时，浆片吸水膨胀可撑开外稃，便于传粉。

雄蕊：3 枚，花药较大，花丝细长，开花时常垂悬花外，适应风媒传粉。

雌蕊：1 枚，花柱极短，有 2 个羽毛状的柱头，子房上位。子房中部横切，在解剖镜下观察，子房为 2 心皮。

花程式：$\uparrow \text{\female} P_2 A_3 \underline{G}_{(2:1:1)}$

小麦花为单面对称花；花被 2，简化成浆片；雄蕊 3；子房上位，由 2 心皮组成，1室，内含 1 胚珠。

将实验准备的其他植物的花，按照以上的方法进行解剖，仔细观察花的各部分形态、数目及联合情况，并写出花程式。

（二）花形态的多样性

1. 花冠

（1）十字形花冠：花瓣 4，离生，十字形，如十字花科植物油菜的花冠。

（2）蝶形花冠：花瓣 5，顶端旗瓣，两侧翼瓣，下方有两片龙骨瓣，如蝶形花科植物蚕豆的花冠。

（3）管状花冠：花瓣合生成管状或圆筒状，上部无明显扩大，如菊科的野菊花。

（4）舌状花冠：花瓣合生，花冠仅基部少部分联合成筒状，上端联合成扁平舌状，如菊科向日葵的缘花。

（5）唇形花冠：花瓣 5，合生，花冠基部联合成筒状，上部分成两唇，为上唇和下唇，如唇形科益母草、丹参等的花冠。

（6）漏斗状花冠：花瓣全部联合成筒状，由基部逐渐扩大成漏斗状，如旋花科牵牛花的花冠。

2. 雄蕊

（1）离生雄蕊：雄蕊互相分离，如十字花科油菜的雄蕊。

（2）单体雄蕊：花药分离，花丝联合成筒状，如锦葵科棉花的雄蕊。

（3）二体雄蕊：花丝联合成 2 束，如蝶形花科蚕豆的雄蕊。

（4）多体雄蕊：花丝联合成多束，如金丝桃科金丝桃的雄蕊。

（5）聚药雄蕊：花丝分离，花药联合，如菊科向日葵的雄蕊。

（三）花序

有些植物的花是单独生在茎上，为单生花。但大多数植物的花是按一定次序排列在花枝上，组成花序。花序分为两大类，即无限花序和有限花序。

1. 无限花序

在开花期间，花轴下部或周围的花先开放，然后由下向上或由边缘向中心依次开放，下部花开放时花轴顶端仍保持继续生长。根据花序轴的长短、形态和是否分枝，以及花梗的长短和有无等特征，又可将无限花序分为下列几种类型：

（1）总状花序：花轴较长，单一，花柄几乎等长，开花顺序由下往上开放，如油菜、萝卜和荠菜等植物的花序。

（2）伞房花序：花轴上每朵花的花柄长短不等，下层花柄较长，由下向上花柄逐步变短，整个花序的花几乎在同一平面上，开花顺序由外向内依次开放，如梨、苹果等植物的花序。

（3）伞形花序：花轴极短，许多花着生在花轴顶部，每朵花的花柄近于等长，开花顺序由外向内依次开放，如樱桃、韭菜等植物的花序。

（4）穗状花序：花轴较长，直立，上面着生许多无柄的两性花，开花顺序由下往上开放，如车前、马鞭草等植物的花序。

（5）柔荑花序：花轴柔软下垂，其上着生许多无柄的单性花，开花顺序由下往上开放，开花后，通常整个花序一起脱落，如柳树、桑树、枫杨等植物的花序。

（6）肉穗花序：花轴肉质，粗短，上着生许多单性无柄的花，开花顺序由下往上开放。有的肉穗花序外面有一片大型苞片，称佛焰苞，故也称佛焰花序，如玉米、香蒲的雌花序。

（7）头状花序：花轴极度缩短而膨大，扁形，盘状，各苞片常集成总苞，开花顺序由外向内，如向日葵、野菊等植物的花序。

以上花序的花轴不分枝，为简单花序，有些无限花序的花轴分枝，每个分枝相当于一个花序，称复合花序，复合花序又可分为以下几种：

（1）圆锥花序：花轴顶端分枝，每个分枝为一个总状花序，整个花序近于圆锥形，如南天竺、凤尾兰的花序。

（2）复穗状花序：花轴顶端分枝，每一个分枝相当于一个穗状花序，如小麦的花序。

（3）复伞形花序：花轴顶端分枝，每一个分枝相当于一个伞形花序，如胡萝卜花序。

（4）复伞房花序：花轴顶端分枝，每一个分枝相当于一个伞房花序，如花楸属花序。

（5）复头状花序：花轴顶端分枝，每一个分枝相当于一个头状花序，如合头菊花序。

2. 有限花序

花轴顶芽形成了花，顶花先开，限制了花轴继续生长。有限花序主要有下列几种类型：

（1）单歧聚伞花序：花轴顶端发育为一花后，在顶花下面主轴的一侧形成一侧枝，同样在枝顶开花，再由侧枝生长，因而为合轴分枝。如其侧枝是向同一方向生长，称为螺旋状聚伞花序，如勿忘草的花序；如其侧枝左右间隔形成，称为蝎尾状聚伞花序，如雄黄兰的花序。

（2）二歧聚伞花序：花轴顶端发育为一花后，顶花下同时生二侧枝，侧枝顶端各发育一花，以后又以同样的方式产生侧枝，如金丝桃和繁缕的花序。

（3）多歧聚伞花序：花轴顶端发育为一花后，停止生长，顶花下同时生几个侧枝，侧枝常比主轴长，侧枝顶端形成一花后，又以同样的方式产生侧枝，如泽漆的花序。

（4）隐头花序：花轴特别肥大而呈凹陷状。许多无柄小花着生在凹陷的腔壁上，雄花分布在内陷花托的上部，雌花分布在内陷花托的下部，仅有一个小孔与外面相通。如无花果等植物的花序。

【实验报告】

1. 写出 5 种植物花的花程式。

2. 绘小麦的花，注明各部分名称。

【思考题】

1. 雌蕊是由哪几部分构成的？子房的结构如何？

2. 为什么说花是适应生殖功能的变态枝？

3. 根据开花的顺序，可将花序分为哪几大类？它们各包括哪些花序？

实验七　雄蕊、雌蕊的发育

【目的与要求】

1. 掌握雄蕊的结构特征，了解花粉囊的形成及发育过程。
2. 掌握雌蕊的结构特征，了解胚囊的形成及发育过程。

【材料选择与准备】

百合不同时期的花药横切面永久封片、百合子房横切面永久封片、百合不同时期胚囊发育的永久封片。

【实验内容与方法】

（一）花药的结构和小孢子、雄配子体和雄配子的发育过程

1. 花药的结构

取百合成熟花药横切面永久封片，置低倍镜下观察，可以看到花药分为左右两半，中间由药隔相连（图2-28）。每一半有两个花粉囊。用高倍镜观察，药隔由薄壁细胞和位于中间的维管束组成。花粉囊的囊壁由多层细胞组成，最外层细胞较小，为表皮，表皮内有一层近方形、较表皮大1~2倍的细胞，为药室内壁；药室内壁内有3~4层呈菱形的细胞，为中层；最内层（即中层内）为绒毡层，细胞质浓，多核，液泡常靠近内壁（近中层）。在花粉囊壁的成熟过程中，中层和绒毡层作为花粉粒发育过程中的养料被吸收，仅剩残余。药室内壁的细胞壁条纹状次生加厚，发育成1~2层的纤维层。

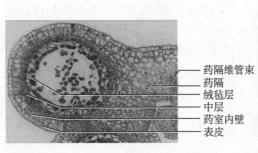
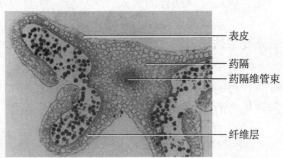

图2-28　百合成熟花药横切

2. 小孢子、雄配子体和雄配子的发育过程

取百合不同发育时期的花药横切片，按雄蕊的发育顺序进行观察，注意花粉囊壁和花粉囊内小孢子和雄配子形成过程的结构变化。

（1）孢原细胞：此时的花药横切呈四棱形，花粉囊壁尚未发育，在4个角隅处各有1至多列的孢原细胞。其细胞明显大于周围的细胞，分裂快，核大，细胞质浓。

（2）造孢细胞：花粉囊壁层的分化尚不明显，最外层是表皮细胞，其内为3~5层没有明显分化的细胞。此时，有药室内为许多核大、质浓、排列紧密的多边形细胞，即造孢细胞。

（3）花粉母细胞：花粉囊壁已明显分化出药室内壁、中层和绒毡层。药室内造孢细胞经过进一步的发育形成许多核大、质浓、圆形的细胞，即花粉母细胞。

（4）二分体时期：花粉母细胞减数分裂完成第一次分裂，一分为二，形成两个相连的细胞，称二分体时期。

（5）四分体时期：经减数分裂完成第二次分裂，形成4个小孢子，最初形成的每个小孢子是母细胞的四分之一形状，包围在共同的胼胝质的壁中，为四分体时期早期。此时花粉囊壁的药室内壁层出现明显条纹状增厚，绒毡层和中层细胞开始趋于解体。

（6）单核花粉粒（小孢子）：由四分体形成4个分散的花粉粒，圆球形单核，液泡化。单核花粉粒吸取绒毡层和中层提供的营养物质进一步发育，形成内外两层壁和萌发孔。

（7）成熟的花粉粒（雄配子体）：圆形，有内外两层壁，内壁薄，主要由果胶质和纤维素组成，外壁厚，含胞粉素、脂肪和色素。外壁增厚不均匀，不增厚的区域为萌发孔，表面具有各种纹饰。成熟花粉粒内含2个或3个细胞，2个细胞为营养细胞和生殖细胞，3个细胞为营养细胞和2个精细胞（雄配子）。此时，花粉囊壁的绒毡层和中层已完全解体，只留下表皮和纤维层，花药在2个花粉囊之间裂开，散出花粉。

（二）子房和胚珠的结构及胚囊的发育

1. 子房和胚珠的结构

取百合子房横切片在显微镜下观察，百合子房是由3心皮组成的复雌蕊，中轴胎座，3室。胚珠着生在每个心皮内侧边缘，在横切面上区分背缝线、腹缝线、背束、腹束、附加束、胎座、子房室和胚珠（图2-29）；每室能看到2个胚珠，在高倍镜下观察，识别珠柄、外珠被、内珠被、珠孔、珠心、合点和胚囊等结构（图2-30）。

珠被：胚珠最外层，分外珠被和内珠被两层，倒生珠被在珠柄一侧的外珠被与珠柄愈合。

珠孔：内、外珠被顶端不闭合的孔隙。

合点：珠被与珠心联合处，位于珠孔相对的一端。

珠心：胚囊与珠被之间的薄壁细胞，一至多层，在珠孔端易识别。

胚囊：位于珠心内，成熟胚囊是一个大的囊腔，内有7~8个细胞。在靠近珠孔的一端有3个细胞，卵细胞位于中间，较大，助细胞略小，位于卵细胞两侧。在靠近合点端有3个反足细胞，胚囊中央有2个极核或2个极核结合形成的一个中央细胞。

2. 胚囊的发育过程

取百合胚囊发育各个时期的横切片，按发育顺序进行观察，同时注意胚珠与胚囊形成过程各部分的结构变化（图2-31）。百合胚囊发育为四孢型，又称贝母型。

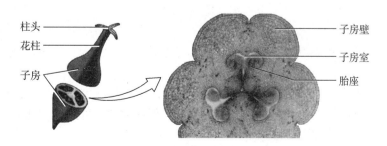

图2-29　百合成熟子房横切

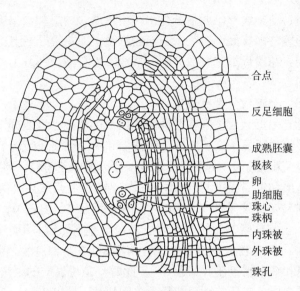

图 2-30 百合成熟胚珠

合点
反足细胞
成熟胚囊
极核
卵
助细胞
珠心
珠柄
内珠被
外珠被
珠孔

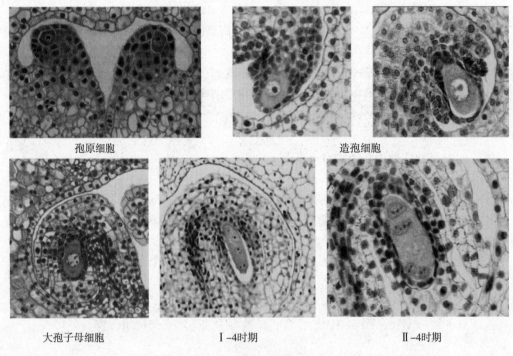

孢原细胞 　　　　　　　　　　造孢细胞

大孢子母细胞 　　　　Ⅰ-4时期 　　　　Ⅱ-4时期

图 2-31 百合胚囊发育过程

（1）孢原细胞：在胎座处，突起的一团珠心细胞的中央形成一个体积大、原生质浓、细胞核大的孢原细胞。

（2）造孢细胞：孢原细胞进行一次横分裂，形成一个周缘细胞和一个造孢细胞，周缘细胞增加珠心的厚度，造孢细胞进一步发育长大，形成大孢子母细胞。此时，珠心外侧的基部细胞加速分裂，形成内珠被原基。

（3）大孢子母细胞：由造孢细胞进一步发育、长大而形成，即胚囊母细胞。大孢子母细胞较造孢细胞大，原生质浓，核大，有 2～3 个核仁，开始进入减数分裂。此时，在内珠被的外侧开始形成外珠被原基，内珠被进一步生长。

（4）Ⅰ-4 时期：大孢子母细胞减数分裂结束，形成 4 个单倍染色体的大孢子核，胚囊中第一次出现 4 个核，称Ⅰ-4 时期，呈纵向排列。此时，外珠被、内珠被已发育成熟，包在珠心外面。

（5）Ⅱ-4 时期：4 个大孢子核形成后，3 个大孢子核移向合点端，1 个大孢子核在珠孔端。紧接珠孔端的 1 个核进行一次有丝分裂，形成 2 个圆球形的单倍体核，核较小；合点端的 3 个核在分裂前相互融合，再进行有丝分裂形成 2 个较大、不规则形的 3 倍体核，分裂的结果出现两个 3 倍体的核和两个单倍体的核，胚囊中第二次出现 4 个核，称Ⅱ-4 期。

（6）成熟胚囊：Ⅱ-4 期的胚囊再进行一次有丝分裂形成 8 核，4 个三倍体的核在合点端，4 个单倍体的核在珠孔端，以后两端各有 1 个核（极核）移向中央，并结合形成中央细胞，合点端的 3 个三倍体核称反足细胞，珠孔端的 3 个单倍体核为 1 个卵细胞（雌配子）和 2 个助细胞，构成卵器。

由于胚囊是立体状结构，它们的细胞或核都不是排列在一个平面上，在一张切片很少能同时清晰地观察到 7 个细胞或 8 个核，因此，需要观察连续切片才能看清楚成熟胚囊的完整结构。

【实验报告】

1. 绘百合成熟花药横切面简图及一个成熟花粉粒的细胞结构图，注明各部分名称。
2. 绘百合子房横切面简图及一个胚珠的结构图，注明各部分名称。

【思考题】

1. 为什么在有些百合子房的横切面上观察胚珠时，看不到珠孔？
2. 为什么在有些百合胚珠的切片上，找不到完整的 7 细胞或 8 核的胚囊？
3. 简述单核花粉粒（小孢子）、雄配子体和雄配子的形成过程。
4. 简述单核胚囊（大孢子）、雌配子体和雌配子的形成过程。

实验八　胚的结构及种子、幼苗和果实的类型

【目的与要求】

1. 掌握双子叶和单子叶植物胚发育各个阶段的形态结构。
2. 了解种子的基本形态及幼苗的类型。
3. 掌握果实的结构及各种类型果实的特征。

【材料选择与准备】

荠菜原胚期、心形胚期和成熟胚期纵切的永久封片，小麦胚纵切永久封片。

种子：蚕豆种子、豌豆种子、蓖麻种子、大豆种子、小麦颖果。

幼苗：蚕豆（豌豆）幼苗、大豆幼苗、小麦幼苗。

果实：葡萄、番茄、茄子、柑橘、黄瓜、桃、李、梅、杏、枣、苹果、梨、大豆、豌豆、八角茴香、棉花、荠菜、油菜、向日葵、玉米、槭树果、板栗、胡萝卜、草莓和桑葚等。

【实验内容与方法】

（一）胚的发育

1. 双子叶植物——荠菜胚的发育（图 2-32）

取荠菜幼胚（原胚期）纵切片在低倍镜下观察，可以看到子房被假隔膜分为 2 室。每个室内有许多被纵切或横切的胚珠。选择一个正切胚囊的胚珠观察，仔细识别珠被、珠心、珠孔、合点和珠柄各部分的位置及形态，在近珠孔处胚囊内观察胚。此时，胚囊中胚乳正发育在自由核时期（核型胚乳发育类型），在珠孔端有一幼胚形成，基部一个大细胞为基细胞，胚体圆球形，基细胞与胚体之间是单列细胞构成的胚柄。

取荠菜胚发育中期（心形胚期）纵切片观察，幼胚进一步发育，中间生长缓慢，出现凹陷，两侧生长速度加快，形成突起即子叶原基，胚体呈心形。胚乳为细胞型。

取荠菜老胚（成熟胚期）纵切片观察，此时，子叶原基已长成两片肥厚的子叶，子叶之间为胚芽，在相对的一端形成胚根，连接胚芽和胚根的是胚轴。珠被发育成种皮，胚乳和珠心组织被胚吸收，胚珠发育成种子。

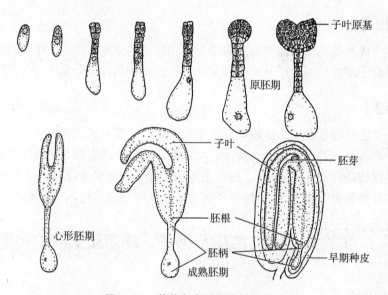

图 2-32　荠菜各个时期的胚结构

2. 单子叶植物——小麦胚的发育（图 2-33）

取小麦颖果纵切片，观察小麦胚、果皮、种皮和胚乳的结构。

胚的结构：在低倍镜下观察小麦胚各部分结构，识别子叶（盾片）、胚芽鞘、胚根鞘、胚芽、胚轴、胚根和外胚叶。观察子叶近胚乳的一层具特殊结构和功能的上皮细胞，胚芽中央为半圆形的生长锥，生长锥下是叶原基、幼叶和腋芽原基。

果皮和胚乳：小麦的果皮与种皮愈合，近外面的几层细胞为果皮，内面的几层细胞为种皮，种皮内层具一层方形内含糊粉粒的细胞称糊粉层。糊粉层以内是胚乳薄壁细胞，贮藏大量的淀粉。

（二）种子的形态和结构

（1）取浸泡的豌豆或蚕豆种子，种子外包裹着种皮，种子的一侧有明显的种脐，种脐的一端有一个小孔即种孔。用手指压挤可从种孔挤出水来。然后将种皮剥下，即可看到胚充满种皮内的空间，为无胚乳种子。胚由子叶、胚轴、胚芽和胚根组成，两片子叶肥厚，胚根很短，胚根的末端顶着珠孔。胚芽夹在两片子叶之间。

（2）取蓖麻种子，种子的下端海绵质突起为种阜，背面条纹状隆起为种脊。种脊和种阜之交点即种脐所在。剥去外部坚硬的外种皮，紧接外种皮之内的膜质即内种皮，用刀片沿长径纵剖（即顺两子叶之间分开），可见胚位于发达的胚乳之间，注意观察子叶的形态和厚薄。

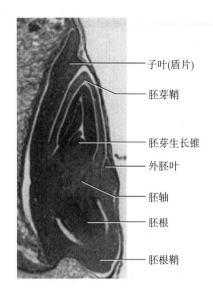

子叶(盾片)
胚芽鞘
胚芽生长锥
外胚叶
胚轴
胚根
胚根鞘

图 2-33　小麦胚的结构

（三）幼苗的类型

（1）取豌豆（蚕豆）和大豆的幼苗，观察幼苗的形态，指出真叶、上胚轴、子叶、下胚轴和胚根各部分。比较这两种幼苗的子叶位置、胚轴的长短有何不同。

（2）取小麦不同发育时期幼苗，观察胚芽尚未伸出胚芽鞘的形态，胚芽鞘的保护作用；胚芽如何伸出胚芽鞘，展开真叶。

（四）果实类型和结构

1. 单果

一朵花中仅有一枚雌蕊，形成一个果实。果皮可分为外、中、内三层。根据果皮是否肉质化，可将单果分为肉果和干果两大类。

（1）肉果：果皮肥厚多汁。

① 浆果：外果皮膜质，中果皮、内果皮均肉质化，充满汁液，内含多枚种子，如葡萄、番茄、茄子果实。

② 柑果：由多心皮子房发育而成。外果皮革质。中果皮分为两部分：具油囊（分泌腔）的部分为外中果皮，外果皮和外中果皮合称橘黄；外中果皮里面比较疏松的、一般具有白色的海绵组织的部分，并分布有维管束，称为内中果皮，又称橘白；果实成熟时橘白中留下的网状维管束称为橘络。内果皮成薄膜状，缝合成囊状，分隔成若干个瓣，囊内生有无数肉质多浆的腺毛，是食用的主要部分，如柑橘果实。

③ 瓠果：子房由三心皮组成，子房和被丝托一并发育成果实，属于假果。肉质部分包括果皮和胎座，如黄瓜果实。

④ 核果：内果皮全由石细胞组成，特别坚硬，包在种子之外，形成果核。食用部分为发达的肉质化中果皮和较薄的外果皮，如桃、李、梅、杏和枣等果实。

⑤ 梨果：子房5心皮，5室，中轴胎座。肉质部分主要是由被丝托和心皮部分共同形成，属假果。食用的主要部分是被丝托发育而成，如苹果、梨果实。

（2）干果：果实成熟时，果皮呈干燥状态。有的开裂，称裂果类；有的不开裂，称闭果类。

裂果类：果实成熟后果皮自行开裂。根据构成果实的心皮数目和开裂方式不同分为：

① 荚果：由一心皮发育而成，成熟时沿背缝线和腹缝线两条缝线开裂，如大豆、豌豆的果实。也有不开裂的果实，如合欢和花生的果实。

② 蓇葖果：由一心皮发育而成，成熟时沿一条缝线开裂，如八角茴香的果实。

③ 蒴果：由两个或两个以上心皮发育而成，成熟时果实多种方式开裂。棉花的果实为纵裂。

④ 角果：由二心皮发育而成，子房一室，具有假隔膜，侧膜胎座。成熟时果皮由基部向上沿两腹缝线开裂，成两片脱落，只留假隔膜，种子附在假隔膜胎座框上。如荠菜、油菜的果实。

闭果类：果实成熟后果皮不开裂。

① 瘦果：一心皮构成的果，成熟后不开裂，如毛茛的果实。

② 下位瘦果：由二心皮组成，内含一粒种子。果皮为被丝托与子房愈合而成，成熟时果皮与种皮易于分离，如向日葵的果实。

③ 颖果：果皮薄、革质，内含一粒种子。成熟时果皮与种皮愈合不易分离，如玉米的果实。

④ 翅果：由一个或多个心皮组成，果皮延展成翅状，有助于果实的传播，如槭树的果实。

⑤ 坚果：果皮坚硬，内含一粒种子，由合生心皮的上位或下位子房形成的果实，如榛和栗的果实。

⑥ 双悬果：由 2 个心皮组成，每室各含 1 粒种子，成熟时心皮沿中轴分离成两瓣，悬于中轴上端的子房柄上，如胡萝卜的果实。

2. 聚合果

许多离生雌蕊聚生在同一花托上，成熟时每一个雌蕊形成一个小果，许多小果聚生在花托上，如草莓的果实。

3. 聚花果（复果）

果实由整个花序发育而成，如凤梨、桑葚的果实。

【实验报告】

1. 绘荠菜原胚、心形胚、成熟胚各个发育阶段胚的结构，并注明各部分名称。
2. 绘小麦种子纵切面图，示胚的各部分结构。

【思考题】

1. 比较单子叶、双子叶植物胚的发育过程和成熟胚在结构上的异同。
2. 如何区分无胚乳种子和有胚乳种子？
3. 如何区别子叶出土幼苗和子叶留土幼苗？为何子叶留土幼苗必须浅播种？
4. 单果、聚合果和聚花果在结构上有何不同？
5. 试述种子与果实的形态、结构特征对适应生长环境的意义。

第三章 | 植物系统分类实验

【目的与要求】

1. 通过对蓝藻门代表种类的观察，掌握蓝藻细胞的结构、形态和所含色素的类型，了解蓝藻在生物界系统演化中的地位。

2. 了解蓝藻原核生物的生境及基本的采集方法。

【材料选择与准备】

色球藻属、颤藻属、螺旋藻属、微囊藻属、念珠藻属和项圈藻属等。

显微镜、镊子、解剖针、载玻片、盖玻片、滴管、培养皿和吸水纸等。

I_2-KI 染液、稀墨汁、醋酸洋红染液、1 g/L 亚甲蓝染液和浓 KOH 溶液等。

【实验内容与方法】

蓝藻是生物界中最原始、最古老的类群，不具核膜、核仁，只具有位于细胞中央的核物质，为原核生物。蓝藻多为蓝绿色，广布于淡水及潮湿土表、树干、墙壁和岩石表面，有些种类能生长在85℃的温泉中，少数种类海生。

1. 色球藻属（*Chroococcus*）

在淡水池塘、水沟、泉水及潮湿的土表、树干和花盆壁上常可采到。用吸管吸取少量标本液，滴一滴于载玻片中央，盖上盖玻片，在显微镜下观察，色球藻为单细胞或几个细胞聚成的群体。单个细胞时为圆球形，外有胶质鞘；细胞分裂1~2次，各自形成胶质鞘，分裂形成的多个细胞共同包埋在母细胞的胶质鞘中，构成不定形群体，由此构成的群体常有几层胶质鞘包被。观察胶质鞘可在盖玻片的一侧加一滴稀墨汁，用吸水纸从盖玻片另一侧把墨水吸去，此时可清楚地显示出胶质鞘依次积累形成的纹理（图3-1）。

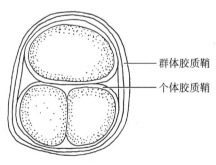

群体胶质鞘
个体胶质鞘

图 3-1 色球藻属

2. 颤藻属（*Oscillatoria*）

颤藻属的丝状体通常生于湿地或浅水边，在富含有机质的污水中生长尤为旺盛，为常见蓝藻。温暖季节常在浅池塘水底形成一层蓝绿色膜状物，或成团漂浮在水面上。

为了得到干净的实验材料，可在实验的前一两天将颤藻采回放置在带少量水的培养皿或烧杯中，颤藻可借助滑行和左右颤动的运动方式沿壁向上爬行。此时用镊子挑取杯壁上少量个体，制成水封片，在显微镜下观察。

颤藻为蓝绿色的单列细胞构成的丝状体，在高倍镜下可观察到颤藻的细胞为扁平状（圆盘形），藻体胶质鞘不明显，藻丝中有时可见有无色透明，呈双凹形的死细胞，有时能见到丝状体中个别细胞膨大，并胶质化，形成隔离盘。由于死细胞或隔离盘的形成，将丝状体分隔成两段，每一小段称为藻殖段（图 3-2）。

颤藻细胞结构的观察，将丝状体移至高倍镜的视野中部，仔细观察细胞中央较透明的部分，即中心质，是核物质主要分布区。细胞色素和贮藏物分布在细胞的周围称周质。其由于具有色素而呈蓝绿色，其中还能看到许多黑色的小颗粒，即贮藏物质——肝糖（蓝藻淀粉），中心质和周质无明显界限。因中心质位于细胞的中央，观察时需透过周质，故中心质区域在视野中并不清楚。

3. 螺旋藻属（*Spirulina*）

生于溪水池塘、湖泊，大量繁殖可使水体呈蓝绿色。用吸管吸取标本液，滴一滴于载玻片上，制成水封片观察。藻体为不分枝丝状体，螺旋状，无胶质鞘。观察螺旋藻的形态、颜色和运动方式（图 3-3）。

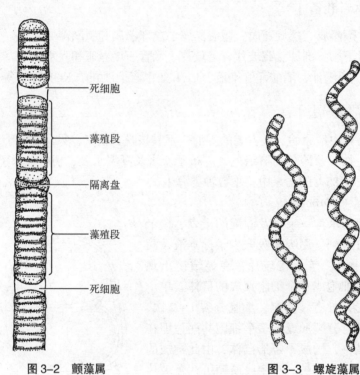

图 3-2 颤藻属 图 3-3 螺旋藻属

4. 微囊藻属（*Microcystis*）

微囊藻属不定型群体多生于有机质丰富的鱼池、湖泊，少海生。夏季常大量繁殖，漂浮在水面形成蓝灰白色的"水华"，或附着在水中的各种基质上。吸取已固定的水样，制成水封片观察。

微囊藻个体球形，细胞淡蓝绿色或橄榄绿色，细胞中有气泡（伪空泡）。许多个体共同包被于胶被中组成不定形群体，组成群体的个体数及大小不一（图 3-4）。

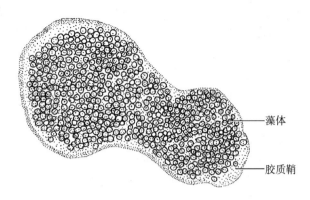

图 3-4　微囊藻属

5. 念珠藻属（*Nostoc*）

念珠藻属丝状体淡水生或陆生，陆生种生长在湿润土表、岩石上或混杂于藓类植物的茎叶间。水生种一般贴附在水底石块上，或水生植物上；浮游生活的种类较少；山涧溪流石块上亦有分布。此属许多种类为固氮蓝藻。可供食用的地木耳（片状）、发菜（条状）和葛仙米（块状）均属于念珠藻属。

实验时取少量材料于载玻片上，加一滴清水，盖上盖玻片，用手指轻压盖玻片，使材料均匀散开。在显微镜下观察，念珠藻由许多单列念珠状细胞构成的不分枝丝状体组成，许多丝状体埋于分泌的胶质中，构成具一定形态的胶质体。丝状体中有较大的细胞，称异形胞。异形胞将丝状体分隔成段，每一段称藻殖段。异形胞和营养细胞相连接的两端可看到发亮的折光性较强的节球。有时在有些丝状体中可以看到连续的几个大型的厚壁细胞，这些细胞原生质浓、色深，是厚壁休眠孢子（又称厚垣孢子），经休眠可萌发成新的丝状体（图 3-5）。

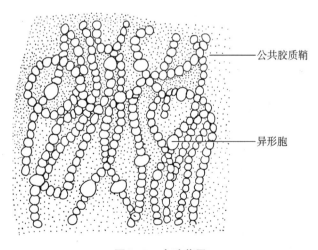

图 3-5　念珠藻属

6. 项圈藻属（*Anabaenopsis*）

项圈藻属丝状体淡水生或湿土生，有些种与蕨类植物中的满江红共生，寄生在满江红叶子腹面的囊穴内。项圈藻属与念珠藻属形态很相似，所不同的是项圈藻属无胶质包被，不成块状和片状的定形群体，但项圈藻属和念珠藻属的很多种类都具有固氮能力。

用镊子取满江红的几片小的叶，将腹面朝上置于载玻片上，制成水封片，在显微镜下观察，可见叶近基部有一椭圆形的囊穴，内藏许多蓝绿色的丝状体，然后用解剖针或镊子刺破囊穴，将丝状体释放出来。丝状体不分枝，单列，无胶质鞘。细胞呈念珠状排列，有异形胞，细胞明显可见中心质和周质（图3-6）。

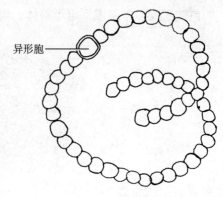

图3-6　项圈藻属

【实验报告】

绘微囊藻、颤藻和念珠藻，并写出各部分结构名称。

【思考题】

1. 隔离盘与死细胞有何不同？何谓藻殖段？
2. 异形胞发生在什么部位？
3. 项圈藻与念珠藻的相同点和不同点是什么？

实验十　藻类植物：绿藻门

【目的与要求】

通过对绿藻门各代表植物的观察，掌握绿藻门的主要特点，弄清绿藻门的演化趋势及植物界从单细胞到多细胞、从无分化到有分化、从简单到复杂、从无性生殖到有性生殖、从核相交替到世代交替等的演化趋向。

【材料选择与准备】

衣藻属、团藻属、小球藻属、栅藻属、丝藻属、石莼属、松藻属、鼓藻属、双星藻属、刚毛藻属、水绵属和轮藻属等。

显微镜、镊子、解剖针、载玻片、盖玻片、滴管、培养皿和吸水纸等。

I_2-KI染液、蒸馏水、醋酸洋红染液。

【实验内容与方法】

1. 衣藻属（*Chlamydomonas*）

衣藻是能游动的单细胞代表，分布很广，多生于富含有机质的水沟、池塘和积水中，繁殖很快，取一滴含衣藻的标本液，制成水封片，在显微镜下观察：

① 植物体单细胞呈卵形或球形。

② 细胞内具一枚厚底杯状的载色体，底部有一个大的蛋白核，杯状形态因种而异。

③ 细胞中含一核，前端有两个发亮的小泡是伸缩泡，在一侧有一红色的眼点（图 3-7）。

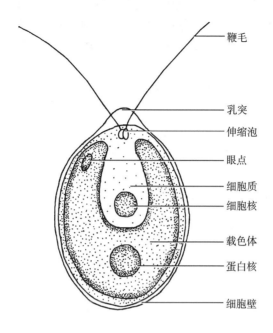

图 3-7 衣藻属

为了清楚地观察衣藻的鞭毛和鉴别淀粉核的性质，从盖玻片的一侧加入一滴 I_2-KI 染液，再用吸水纸从另一侧将碘液吸去，这样鞭毛因吸碘液而加粗易见，同时淀粉核上因有淀粉遇碘而变成蓝紫色或黑色。

实验中常可见到衣藻的无性生殖。衣藻失去鞭毛静止，细胞分裂，母细胞内形成 2、4、8、16 个子细胞，母细胞壁胶化。

2. 团藻属（*Volvox*）

团藻属是多细胞类型的代表。生活在积水和池塘较清洁的水中，个体较大，肉眼可见。藻体是一个空心的多细胞球体，单层细胞与胶质共同组成球体的外壁，高倍镜下观察，外壁的胶质为多边形，中间是一个具鞭毛的衣藻细胞，细胞与细胞之间有胞间连丝互相联络，球体内有溶液，末端零星分布有大型的生殖胞。群体内常含有数个子群体，而子群体中又有新的群体产生，这些未释放的群体是团藻通过生殖胞经无性生殖过程产生的（图 3-8）。

3. 小球藻属（*Chlorella*）

小球藻属是单细胞浮游种类的代表，个体小，圆形或略呈椭圆形，细胞壁薄，细胞内有 1 个杯形或曲带形载色体。生活于富含有机质的小河、沟渠、池塘等水中，在潮湿的土壤上和各种

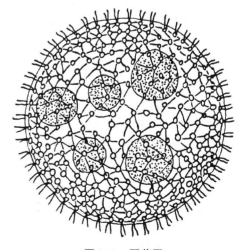

图 3-8 团藻属

51

盛水的容器中也有生长（图 3-9）。

4. 栅藻属（*Scenedesmus*）

栅藻属是绿球藻目中定形群体类型的代表，常 4、8 或 16 个细胞构成定形群体，细胞形状通常是椭圆形或纺锤形。细胞壁光滑或有各种突起，如乳头、纵行的肋、齿突或刺。细胞单核。幼细胞的载色体是纵行片状，老细胞则充满着载色体，有 1 个蛋白核，用 I_2-KI 染液染色，区分细胞核和淀粉核。群体细胞是以长轴互相平行排列成 1 行，或互相交错排列成两行。栅藻在各种淡水水域中都能生活，分布极广（图 3-10）。

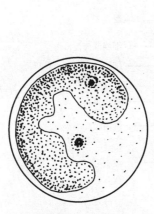

图 3-9　小球藻属

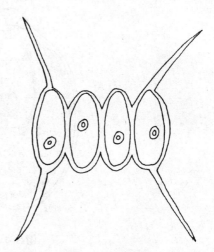

图 3-10　栅藻属

5. 丝藻属（*Ulothrix*）

丝藻属是不分枝丝状体类型，丝状体营固着生长，丝状体末端的细胞分化成固着器，载色体小而质浅，这种丝状体为异丝体。丝状体的每个细胞呈圆筒状，核位于中央，载色体宽带状，两边略内卷。丝藻属植物体常丛生在清洁的流水石头上（图 3-11）。

6. 石莼属（*Ulva*）

石莼属是片状植物体类型的代表，生于海岸高潮带的岩石，营固着生长，俗名"海白菜"，叶状体很薄，由两层细胞构成。植物体下部有固着器和无色的假根丝。细胞单核，载色体片状，有 1 枚蛋白核。具世代交替，它的配子体和孢子体在外形上相似。

7. 松藻属（*Codium*）

松藻属是管状多核非细胞体的代表类型。植物体二叉分枝，似鹿角状，生于海岸潮间带的礁石上，基部为圆盘状固着器。取一段分枝做横切面的薄片，制成水封片，在显微镜下观察其内部互相连通的无色细管状丝体和外部的膨大的棒状胞囊，载色体颗粒状，可加一滴醋酸洋红染液将管状体中极多的小细胞核显现出来。

8. 水绵属（*Spirogyra*）

水绵属是不分枝丝状体、载色体螺旋带状的代表类型，是淡水中常见的一类丝状绿藻，在野外采集用手触摸植物体有黏滑的感觉。在显微

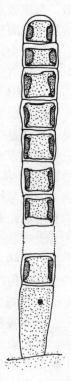

图 3-11　丝藻属

镜下观察，细胞长筒形，每个细胞有一条或几条带状载色体，螺旋绕生，注意不同种类的载色体数目和绕生方式的不同。加 I_2-KI 染液观察淀粉核的形态、数目。细胞核遇 I_2-KI 染液呈棕黄色，而且被细胞中的大液泡挤到边缘，由细胞质丝悬垂着。

水绵有性生殖的观察：水绵有性生殖称接合生殖，发生在春秋季节，藻丝由绿变黄，两条并列的藻丝细胞中部侧壁产生突起，突起两两相对横壁解体形成一接合管，注意在此过程中原生质体逐渐浓缩形成配子，一条藻丝配子囊中的配子以变形运动的方式移入另一条藻丝细胞中，两两结合形成合子。这种接合生殖的方式称为梯形接合（图 3-12）。

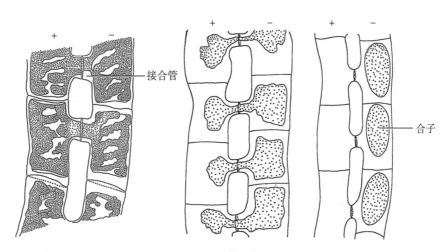

图 3-12　水绵属接合生殖

9. 双星藻属（*Zygnema*）

双星藻属是不分枝丝状体，载色体星芒状的代表类型。丝状体的每个细胞内有两个星芒状的载色体，内含一淀粉核，细胞具一核，有性生殖为接合生殖。生境同水绵（图 3-13）。

10. 刚毛藻属（*Cladophora*）

刚毛藻属是分枝丝状体，载色体网状的代表类型。生长于淡水、海水、流水、静水等各种水体中，以基细胞固着于基质上，野外采集时手触摸植物体有粗糙的感觉。用镊子取少量藻丝制成水封片于显微镜下观察，植物体是多分枝的丝状体，载色体网状，具多个淀粉核，细胞多核。注意观察分枝的方式（图 3-14）。

11. 轮藻属（*Chara*）

轮藻属是植物体有节与节间之分的代表类型。植物体有主枝、侧枝和轮生的短枝之分。植物体大型，一般高 10～60 cm，生于淡水的静水池塘边缘，尤其是喜生富含钙或硅质的水中。

轮生的短枝上长有卵圆形的卵囊，下长有橘红色圆球形的精囊。取长有卵囊和精囊的短枝制成水封片，在显微镜下观察，卵囊由 5 个管细胞螺旋绕生，每个管细胞上有一个冠细胞，封住卵囊的口部，中间有一个大的卵细胞。精囊是由 8 块盾形细胞嵌合而成的球形，用手轻压盖玻片，使精囊破裂，每一个盾形细胞中间有一个长柱形的柄细胞，柄细胞先端长有许多球形的头细胞，头细胞上形成丝状的精囊丝，精囊丝的每个细胞以后会形成一个游动精子。精囊成熟自行开裂，释放精子与卵受精（图 3-15）。

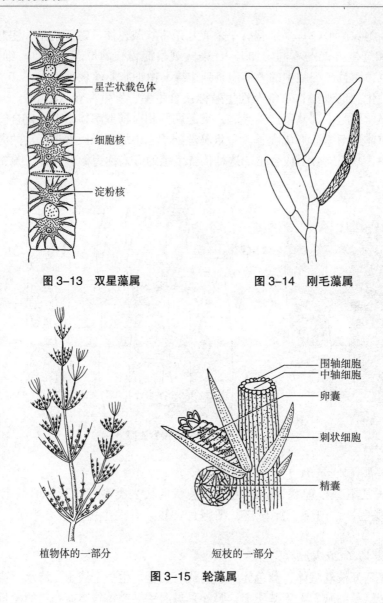

星芒状载色体

细胞核

淀粉核

图 3-13 双星藻属

图 3-14 刚毛藻属

围轴细胞
中轴细胞

卵囊

刺状细胞

精囊

植物体的一部分

短枝的一部分

图 3-15 轮藻属

【实验报告】

1. 绘衣藻属、水绵属、刚毛藻属和轮藻属植物体的形态结构图。
2. 列表总结实验中所观察的植物体类型及载色体类型。

【思考题】

1. 通过对轮藻属植物体和生殖器官的观察，谈谈你对轮藻属独立为门的看法。
2. 通过对绿藻门各属代表植物的观察，试述绿藻门的分类依据。

实验十一　藻类植物：红藻门、褐藻门

【目的与要求】

通过对红藻门、褐藻门代表植物的观察，掌握红藻门、褐藻门的主要特征以及生活史类型。

【材料选择与准备】

紫球藻属、紫菜属、多管藻属、串珠藻属、水云属、海带属、鹿角菜属、裙带菜属和网地藻属等。

显微镜、镊子、解剖针、载玻片、盖玻片、滴管、培养皿和吸水纸等。

I_2-KI 染液和蒸馏水等。

【实验内容与方法】

（一）红藻门（Rhodophyta）

1. 紫球藻属（*Porphyridium*）

紫球藻属的植物常生于湿土表面（如花盆及温室板结的土表），在淡水和海水石块上也都能生长。取少量材料在显微镜下观察：植物体单细胞类型，细胞圆球形或卵形，载色体为星芒状，中轴位，中间有一蛋白核，细胞核常被载色体挤压到一侧不易看清。

2. 紫菜属（*Porphyra*）

紫菜属的植物体为片状，生活史为异形世代交替的类型。取一小片紫菜制成水封片，显微镜下观察：紫菜为配子体，藻体为薄膜状，多数只有一层细胞厚，细胞内含一核，载色体星芒状，上有一个淀粉核。加一滴 I_2-KI 染液，可见到贮藏的红藻淀粉由黄褐色→葡萄红色→紫色的变色过程。有时在叶状体上可观察到果孢子囊和精囊，前者的颜色为深紫红色，后者为乳白色（图 3-16）。

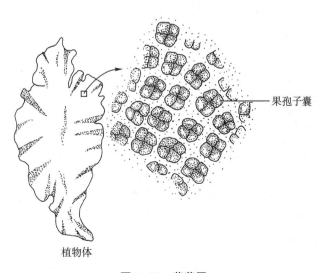

果孢子囊

植物体

图 3-16　紫菜属

3. 多管藻属（*Polysiphonia*）

多管藻属的植物体是管状细胞构成的分枝丝状体，生活史为同形世代交替的类型。海水生，大多附生于其他藻体或岩石上。取少量材料制成水封片观察：植物体主茎是由一列中轴细胞和围绕中轴细胞外围的围轴细胞构成的管状分枝丝状体。分枝顶端还有单列细胞构成的尖细毛丝体。观察多管藻有性生殖时的生殖器官，多管藻的雌配子体、雄配子体和孢子体外形虽相似，但它们的生殖器完全不同，雌配子体上形成果胞，果胞受精后发育出寄生在雌配子体上的果孢子体（即囊果），形状似瓶或卵圆形；雄配子体在毛丝体间形成生殖枝，生殖枝上形成锥形的精子囊穗，精子囊穗上长有一串葡萄状精囊，每一个精囊形成一个精子。孢子体（四分孢子体）上形成孢子囊（四分孢子囊），孢子囊发生于中轴细胞和围轴细胞之间，孢子囊圆球形，经减数分裂形成 4 个孢子（四分孢子）。虽然雌配子体、雄配子体和孢子体在外形和结构上相同，但生殖阶段可根据其形成的生殖器官不同可将它们区分开（图 3–17）。

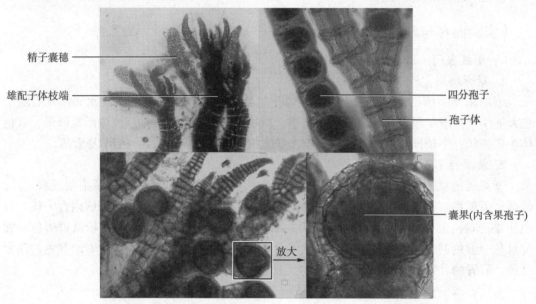

精子囊穗
雄配子体枝端
四分孢子
孢子体
囊果(内含果孢子)
放大
雌配子体上形成囊果

图 3–17　多管藻属

4. 串珠藻属（*Batrachospermum*）

串珠藻属的植物是红藻门中淡水生的代表，常生于山溪或泉水石上。植物体有中轴及环生的旁枝，犹如轮藻，环生的旁枝在中轴的"节"上轮状丛生，形如串珠，常为红色、浅蓝绿色、橄榄色或紫红色。载色体盘状或圆形，有一个蛋白核。精囊生于旁枝的末端，产生一个无鞭毛精子。果胞单生于枝端，果胞上部有一条细长的受精丝，果胞内含一个卵细胞。卵细胞受精后由果胞四周发生出很多果胞丝，每条果胞丝顶端形成一个果孢子囊，内有一个果孢子，果孢子同上面的短丝及果孢子囊合称囊果，观察囊果的外形。

（二）褐藻门（Phaeophyta）

1. 水云属（*Ectocarpus*）

水云属是典型的同形世代交替的生活史类型（等世代纲）。常固着于潮间带岩石上，植物体丛生，高 5~15 cm。取少量丝状体制成水封片，在显微镜下观察：植物体为单列细胞组成的分枝丝状体，载色体侧生，是有匍匐枝和直立枝之分的异丝体，在孢子体上能见到两种不同形状的孢子囊，椭圆形一室的单室孢子囊和长卵状棒形的多室孢子囊；在配子体上只形成一种长卵状棒形的多室配子囊。多室孢子囊和多室配子囊外形相同（图 3-18）。

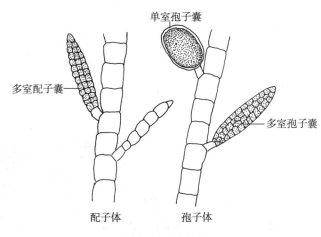

图 3-18 水云属

2. 海带属（*Laminaria*）

海带属是异形世代交替的生活史类型（不等世代纲）。海带是潮间带常见的藻类，其孢子体和配子体在大小和形状上差别很大，人们食用的海带是孢子体。孢子体可分 3 部分：固着器、带柄和带片。观察带片横切：其结构分 3 部分，最外层为表皮，中部为皮层，中央为髓部。髓部丝状体细胞的端壁处膨大，有类似筛管的构造，称喇叭丝，具有输导功能，要观察喇叭丝可将一小块带片或带柄从中部平皮切开，再用刀片刮取髓部组织制成水封片观察。在生殖季节海带形成的孢子囊群生于带片的表面，孢子囊卵圆形，与隔丝相间分布，隔丝细胞上端有较厚的胶质冠，有保护孢子囊的作用，孢子囊和隔丝组成子实层（图 3-19）。

配子体很小，要借助显微镜才能观察到。雌配子体由 1~2 个细胞组成，细胞多为球形或梨形，每个细胞都可以形成一个卵囊，内含一个卵细胞。雄配子体是由几个至几十个细胞组成的分枝丝状体，枝端的细胞形成精囊，内含多数梨形侧生 2 根鞭毛的精子。

3. 裙带菜属（*Undaria*）

裙带菜属是异形世代交替的生活史类型（不等世代纲）。观察裙带菜的腊叶标本，并与海带比较。裙带菜也分为固着器、带柄和带片 3 部分，裙带菜的带柄较长，带片羽状深裂，具中肋，带片下延至带柄形成裙褶状。生殖季节时，在下延的带片裙褶两面密集生长孢子囊群，孢子囊之间有不育的隔丝，孢子囊和隔丝称子实层。

4. 鹿角菜属（*Pelvetia*）

鹿角菜属是无孢子纲的代表（即圆子纲）。藻体为孢子体，呈橄榄色，固着器为圆盘状，柄较短，其上为多回二叉分枝。有性生殖时枝端膨大形成鹿角状生殖托，生殖托表面具显著的结节状突起，为生殖窝（巢）的开口。观察鹿角菜生殖托的横切片，可见生殖托上有很多凹穴状的生殖窝，生殖窝内的底部分布有精囊、卵囊和隔丝，隔丝常密集在口部（图 3-20）。

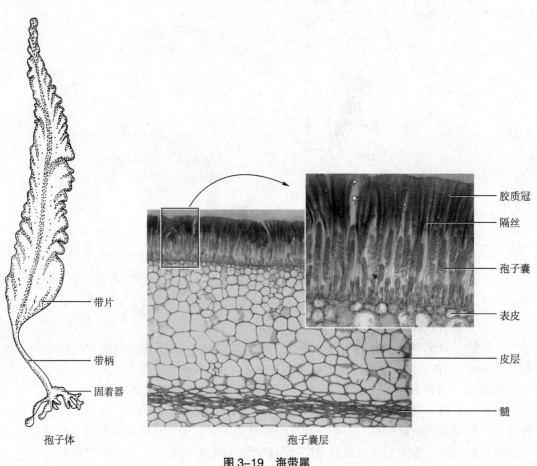

孢子体   带片

带柄

固着器

胶质冠

隔丝

孢子囊

表皮

皮层

髓

孢子囊层

图 3-19 海带属

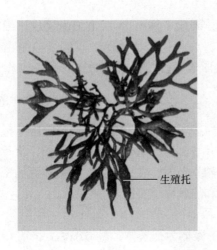

生殖托

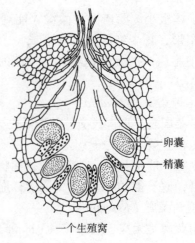

卵囊

精囊

一个生殖窝

图 3-20 鹿角菜属

5. 网地藻属（*Dictyota*）

网地藻属是同形世代纲的代表。植物体扁平带状，多回二叉分枝，固着器丝状。观察带状部分横切片：由 3 层细胞构成，中间一层的细胞大，两边的细胞小。在解剖镜下观察网地藻的顶端，具顶端细胞一个，较大。植物体二叉分枝是由顶端细胞的分裂方式决定的，生长时顶端细胞先形成双凸形，然后一分为二，形成 2 个顶端细胞，每个顶端细胞又重新按照原来的生长方式分裂，形成多回二叉分枝的植物体。在生殖季节采集的标本可见叶状体表面有黑色的斑点，即生殖器官，雄植物体的带面上生有精囊，雌植物体上长有卵囊，孢子体上长有四分孢子囊（图 3-21）。

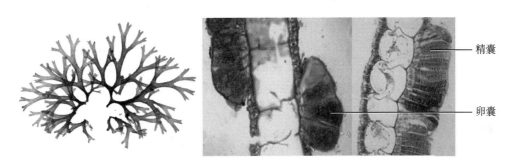

图 3-21　网地藻属

【实验报告】

1. 绘水云属丝状体包括多室配子囊或多室孢子囊的一部分植物体。
2. 绘多管藻属包括精囊或果孢子体的一部分植物体。
3. 绘海带属带片横切包括子实层的结构图。
4. 绘鹿角菜属生殖窝纵切结构图。

【思考题】

1. 比较水云属、海带属和鹿角菜属生活史的异同点，并说明所观察到的三种植物体都是它们生活史的哪个阶段？
2. 紫菜生活史具有世代交替吗？减数分裂发生在哪个时期？
3. 水云属的多室孢子囊、单室孢子囊和多室配子囊分别发生在哪种植物体上？所形成的孢子和配子各发育成什么植物体？在世代交替中属于哪个阶段？
4. 海带和裙带菜藻体的形态以及生殖器官分布的位置有何不同？

实验十二　菌物：黏菌门、真菌门、地衣门

【目的与要求】

1. 通过对代表种类的观察，掌握黏菌门和真菌门中鞭毛菌亚门、接合菌亚门、子囊菌亚门以及担子菌亚门的主要特征，掌握这几个亚门代表菌的生活史。
2. 了解地衣的基本形态、内部结构和生殖方式等主要特征。

【材料选择与准备】

发网菌、水霉、根霉、青霉、曲霉、锈菌、木耳、银耳、蘑菇、茶渍属、梅衣属、石蕊属和松萝属等。

显微镜、镊子、解剖针、载玻片、盖玻片、滴管、培养皿和吸水纸等。

【实验内容与方法】

一、黏菌门（Myxomycophyta）

发网菌属（*Stemonites*）

观察发网菌孢子囊整体封片。孢子囊呈长筒形，其中央为一条由囊柄延伸的囊轴，囊轴上产生很多纤细的孢丝，孢丝彼此连接成网状，其间有大量经减数分裂形成的圆形孢子。孢子囊外是一层很薄的包被。孢子囊是黏菌二倍体阶段的形态。

二、真菌门（Eumycophyta）

（一）鞭毛菌亚门（Mastigomycotina）

水霉属（*Saprolegnia*）

观察水霉的浸制标本。取被水霉感染后的鱼体表面白色的丝状体，制成水封片，在显微镜下观察：菌丝分枝、无隔多核。生殖阶段菌丝末端膨大，产生横隔壁，形成孢子囊。另取永久封片观察水霉有性生殖，卵囊圆球形，有横壁与菌丝分开，内含多个卵细胞；精囊管状，缠绕，并贴附在卵囊周围，内含多数精细胞（图3-22）。

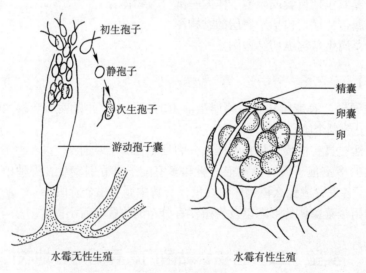

图 3-22　水霉属

（二）接合菌亚门（Zygomycotina）

根霉属（*Rhizopus*）

根霉寄生面包上或腐烂的果蔬上（腐生），成熟后孢子黑色，又称黑根霉和面包霉。取少量的根霉菌丝制成水封片在显微镜下观察：其菌丝体的匍匐枝横行于附着物的表面，匍匐枝与附着物接触处生出一丛分枝，伸入附着物内，称假根，或称附着器。由假根附着点产生几根直立的分枝，枝端膨大形成囊轴，囊轴外被膜，产生球形的孢子囊，生有孢子囊的菌丝称为孢子囊梗，孢子囊内围绕囊轴形成许多孢囊孢子。

　　观察根霉的接合生殖，需在实验前一周，在一个培养皿的培养基上左右分别接上不同菌体形成的孢子（不同宗），孢子萌发后菌丝大量生长，在培养皿的中间，不同孢子生长的菌丝相接处，将出现根霉的接合生殖。取相接处的菌丝观察，区别接合生殖发生各个时期的结构特征；观察菌丝形成的突起、配子囊、配子囊柄和接合孢子（图 3-23）。

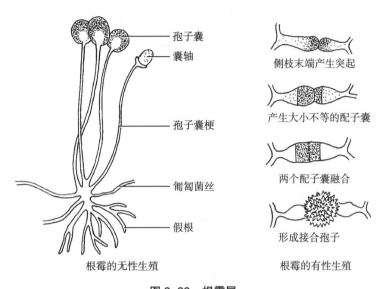

孢子囊
囊轴
孢子囊梗
匍匐菌丝
假根
根霉的无性生殖

侧枝末端产生突起
产生大小不等的配子囊
两个配子囊融合
形成接合孢子
根霉的有性生殖

图 3-23　根霉属

（三）子囊菌亚门（Ascomycotina）

1. 青霉属（*Penieillium*）

取感染上青霉菌的橘皮表皮的丝状体置于载玻片上，制作成水封片在显微镜下：观察帚状的分生孢子梗的多回分枝方式，在小梗上产生一串绿色分生孢子（图 3-24）。

2. 曲霉属（*Aspergillus*）

观察曲霉菌的菌丝体、分生孢子梗、头状孢囊及其上呈放射状排列的小梗，每个小梗顶端都有一串分生孢子，并与青霉属进行比较（图 3-25）。

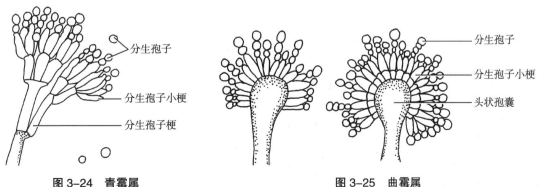

分生孢子
分生孢子小梗
分生孢子梗

图 3-24　青霉属

分生孢子
分生孢子小梗
头状孢囊

图 3-25　曲霉属

3. 盘菌属（*Peziza*）

盘菌属的子实体为盘状，观察盘菌子实体的纵切片，在子囊盘盘中表层是子实层，子实层由子囊、子囊孢子和隔丝组成。子囊长柱形，内含 8 个纵向排列的子囊孢子（图 3-26）。

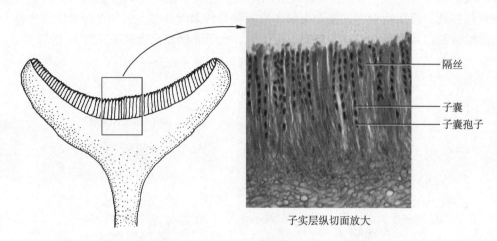

子实层纵切面放大

图 3-26　盘菌属

观察子囊菌亚门其他代表类群：虫草属（*Cordyceps*）、羊肚菌属（*Morchella*）和麦角菌属（*Claviceps*）的子实体形态，找到子实层分布的位置。

（四）担子菌亚门（Basidiomycotina）

1. 柄锈菌属（*Puccinia*）

柄锈菌是锈菌目的一种转主寄生的真菌，其在两个寄主上寄生才能完成整个生活史：第一寄主是小麦或大麦等，第二寄主是小檗属或十大功劳属等植物。通过对寄主被害部位的切片观察，了解禾柄锈菌生活史及其侵染和传播过程（图 3-27）。

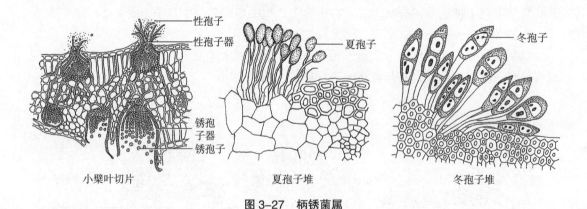

小檗叶切片　　　　夏孢子堆　　　　冬孢子堆

图 3-27　柄锈菌属

在小檗叶上可见——

性孢子器和性孢子：性孢子器在叶腹面，呈瓶状；性孢子球形，单细胞，单核。

锈孢子器和锈孢子：锈孢子器在叶背面，呈杯状；锈孢子球形，单细胞，双核。

在小麦叶或茎上可见——

夏孢子堆和夏孢子：双核菌丝突破小麦叶部分表皮，形成夏孢子堆；夏孢子椭圆形，黄褐色，壁上常有刺状突起，具双核，有长柄。

冬孢子堆和冬孢子：厚壁，黑褐色，有长柄，双核双细胞。

担孢子：冬孢子的两个细胞各自长出担子，担子内双核结合，减数分裂，产生 4 个细胞的横隔担子。每个细胞产生一个小梗，其尖端膨大各形成一个担孢子。

2. 银耳属（*Tremella*）

取少量浸泡在水中的银耳置载玻片上，加水一滴，盖上盖玻片，可用拇指轻按盖玻片，作前后、左右摩压，然后置显微镜下观察其菌丝体的结构。

3. 蘑菇属（*Agaricus*）

取蘑菇成熟的子实体，辨别菌盖、菌柄、菌环、菌肉、菌幕和菌褶各部分。然后用镊子小心撕取菌盖表面的膜，观察菌肉的颜色，以及菌盖下面放射状呈褐色的菌褶。通过菌盖作纵切（与菌褶垂直切，如果菌肉很厚，切片前可以去除部分菌肉），可见菌褶周边是子实层，子实层由担子、隔丝和担孢子组成，中央为长管形细胞组成的髓部。注意每个担子上着生几个担孢子（图 3-28）。

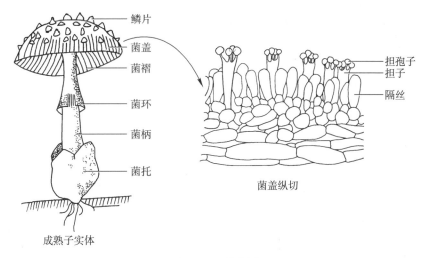

图 3-28　蘑菇属

观察担子菌亚门其他代表类群：香菇属（*Lentinus*）、灵芝属（*Ganoderma*）、猴头菌属（*Hericium*）、马勃属（*Lycoperdon*）、竹荪属（*Dictyophora*）和鬼笔属（*Phallus*）的子实体形态，辨别子实层的分布位置。

三、地衣门（Lichens）

1. 观察地衣体的 3 种植物体类型

（1）壳状地衣：此类地衣体的菌丝深入基质与基质紧贴在一起，很难从基质上剥离。注意在地衣体表面有许多小盘状结构，即子囊盘。子囊盘是由组成地衣的子囊菌在有性阶段产生的子实体，子实层位于子囊盘的上表面。

（2）叶状地衣：地衣体呈叶状，常由下面生出假根或脐，附于基质上，易于剥离。取梅衣属（*Parmelia*）标本，观察贴地一面（腹面）的结构。另外，观察叶状体上表面灰白色的粉状颗粒，镊取一些做水封片，在显微镜下观察粉芽的结构。

（3）枝状地衣：地衣体呈树状分枝，直立或下垂，仅基部附着于基质上，如松萝属（*Usnea*），地衣体易与基质剥离。

2. 观察地衣的解剖结构

取叶状地衣的横切片，从上而下观察。叶状体结构分上皮层、藻胞层、髓层和下皮层。上、下皮层菌丝紧密交织，上皮层下是藻胞层，菌丝排列疏松，菌丝之间夹着很多单细胞或丝状的藻类，藻胞层下是髓层，髓层是由比较疏松而粗大的菌丝交织而成，具较大的间隙。下皮层菌丝向外伸出形成假根。依据藻类分布的位置分同层地衣和异层地衣，藻类分布在上皮层之下的为异层地衣（如梅衣属），藻类分布在髓层中的为同层地衣（图3-29）。

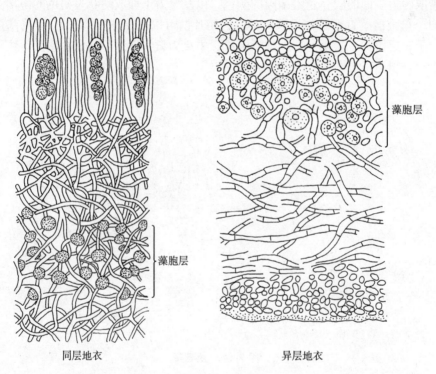

同层地衣　　　　　　　　　　　　　异层地衣

图 3-29　地衣

3. 观察地衣的子囊和子囊孢子

构成地衣的真菌大多为子囊菌，生殖时在叶状体表面形成子囊盘或子囊瓶。观察地衣叶状体上经子囊盘或子囊瓶的纵切封片，先在低倍镜下观察子囊盘或子囊瓶与叶状体的关系和形态，然后换高倍镜辨别子囊、子囊孢子和隔丝。

【实验报告】

1. 绘根霉属的菌丝体、孢子囊梗和孢子囊，示匍匐菌丝、假根、孢子囊梗、孢子囊、囊轴和孢囊孢子。

2. 绘青霉属分生孢子梗和分生孢子。

3. 绘蘑菇属的子实层一部分, 示无隔担子、隔丝和担孢子。

4. 绘叶状地衣横切图, 示各部分结构。

【思考题】

1. 以发网菌为例说明黏菌门具有植物性的和动物性的特征。

2. 比较真菌门藻状菌亚门、接合菌亚门、子囊菌亚门和担子菌亚门的主要区别点。

3. 叙述担子菌亚门的主要特征。

4. 详述蘑菇和禾柄锈菌的生活史, 并比较两者的差异。

5. 如何区分地衣的 3 种生长类型?

6. 地衣是一类什么样的生物?

实验十三　苔　藓　植　物

【目的与要求】

1. 通过代表植物的观察, 掌握苔藓植物的主要特征, 并与藻类和菌类进行比较, 更好地理解苔藓植物在植物界中的系统地位。

2. 了解苔门、藓门及角苔门的主要区别。

【材料选择与准备】

地钱、葫芦藓、角苔和其他苔藓植物的新鲜材料、干制标本和多种常见苔藓植物的彩色图片等。

放大镜、显微镜、镊子、解剖针、刀片、载玻片、滴管、培养皿和吸水纸等。

【实验内容与方法】

（一）苔门（Marchantiophyta）

以地钱（*Marchantia polymorpha*）为例。地钱为叶状体苔类, 喜生于阴湿的林地、墙角、井边和水沟边, 广布于世界各地。

1. 配子体外形

地钱为绿色扁平的二叉分枝的叶状体, 贴地一面为腹面, 背地一面为背面。腹面肉眼可见生有很多无色透明的毛状假根和紫色鳞片。在解剖镜下观察地钱, 叶状体的背面有许多鳞片状多边形小块, 每一小块是一个气室, 其中间有一个不能自由关闭的气孔。地钱的生长点在二叉分枝的凹陷处。

2. 叶状体结构

取地钱叶状体横切片（图 3-30）, 在显微镜下观察: 有气孔分布的是上表皮层, 气孔由 4~5 个细胞呈烟囱状突起, 不能自由开闭, 气孔下方的空间就是气室。在气室的底部有许多含叶绿体的同化组织。同化组织下为大型无色的细胞构成的贮藏组织, 下面为一层下表皮。下表皮长有多细胞构成的紫色鳞片和单个细胞构成的假根, 假根内壁有平滑和瘤状增厚两种类型。

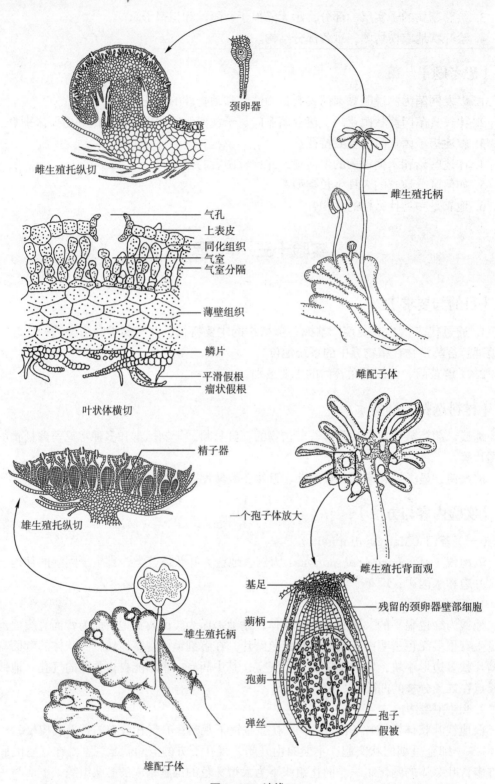

颈卵器

雌生殖托纵切

雌生殖托柄

雌配子体

气孔
上表皮
同化组织
气室
气室分隔

薄壁组织

鳞片

平滑假根
瘤状假根

叶状体横切

精子器

一个孢子体放大

雄生殖托纵切

雌生殖托背面观

基足
残留的颈卵器壁部细胞
蒴柄

孢蒴

弹丝
孢子
假被

雄生殖托柄

雄配子体

图 3-30 地钱

3. 雌雄生殖托

地钱雌雄异株。先取雄株观察，雄生殖托生在叶状体背面，下有一个细长的托柄，顶端有一具波状浅裂的圆盘（图 3-30）。解剖镜观察圆盘的上面有很多小孔，这就是精子器腔的开口。观察雄生殖托纵切片，可见精子器腔及其开口，每个腔内有一个基部具短柄的椭圆形精子器，其外有一层不育细胞保护，内有多数方格状细胞，以后每个细胞形成一个精子。

取雌株观察，雌生殖托生于叶状体的背面，有与雄生殖托柄长度相同的雌生殖托柄，柄的上端有 9~11 条指状芒线。在解剖镜下观察雌生殖托的腹面（图 3-30），用解剖针沿两条芒线之间找出两片膜片，即蒴苞。1 列颈卵器就生于两片蒴苞间。用刀片沿两片蒴苞间切成两半，将颈卵器刮至载玻片上，制成水封片，在显微镜下可清楚地看到颈卵器的结构，辨别颈卵器颈部、腹部、颈壁细胞、颈沟细胞、腹壁细胞、腹沟细胞和卵细胞各部分。

4. 孢子体的观察

先取标本观察，成熟的雌生殖托由绿色转变成灰色，在两芒线之间可见悬挂 2~3 个膨大的球状体，这就是地钱孢子体的孢蒴。注意孢蒴外的假被以及每列孢蒴两侧的膜状蒴苞。看孢子体纵切片可见其孢子体由孢蒴、蒴柄和基足 3 部分组成。孢蒴内有圆形的孢子和单细胞组成的细长的弹丝，弹丝末端尖锐，细胞内壁螺旋加厚（图 3-30）。

（二）藓门（Bryophyta）

以葫芦藓（*Funaria hygrometrica*）为例。葫芦藓为土生喜氮的小型藓类，习见于田园、庭院、路旁等地，为世界广布种。

1. 配子体外形

取新鲜材料或干标本让其吸水，在解剖镜下观察配子体为直立的茎叶体型，"茎"为拟茎，短而柔弱，基部具假根。"叶"为拟叶，丛生，螺旋状着生。取一片拟叶，制成水封片镜检，叶为卵形或舌形，有一条明显的中肋达叶中部以上，细胞内含大量的叶绿体。

2. 精子器和颈卵器

葫芦藓雌雄同株异枝（图 3-31）。雄枝顶端的叶片即为雄苞叶，雄苞叶伸展，枝端像开放的花，中间有橘红色一团。取一雄枝枝端，在解剖镜下剥去苞叶，留下橘红色的部分制成水封片，在显微镜下观察：精子器棒状，外有一层不育细胞构成的橘色或褐色的壁，内含多数精子；精子器周围长有很多丝状的隔丝，隔丝基部细胞细长，向上细胞逐渐膨大，顶端细胞大、圆球形，隔丝细胞内含叶绿体。雌枝的枝端呈芽状，雌苞叶紧密排列，在解剖镜下剥去雌苞叶，可见在枝顶长有一至数个褐色的颈卵器，将颈卵器部分制成水封片，在显微镜下观察颈卵器的结构：颈卵器为长颈烧瓶状，基部膨大部分为腹部，上端为颈部，腹部的下半部常由多层细胞构成，腹部的上部和颈部为单层细胞构成，构成腹部和颈部的不育细胞为腹壁细胞和颈壁细胞，腹部内含 1 枚卵细胞，颈壁内有一列颈沟细胞，在卵细胞和颈沟细胞之间有一个腹沟细胞。

3. 孢子体

孢子体包括基足、蒴柄和孢蒴（图 3-31）。孢蒴分为蒴盖、蒴壶和蒴台 3 部分。基足埋于配子体内，蒴柄细长，成熟时棕红色，孢蒴长梨形或葫芦形，悬垂。罩在孢蒴上端的是蒴帽，由颈卵器的一部分腹部和颈部发育而来，属于配子体，蒴帽兜形，具长喙。将孢蒴放置解剖镜下，用解剖针轻轻剥去圆锥状的蒴盖，可看到蒴齿和环带，蒴齿有两层——内齿层和外齿层。捅破孢蒴，可看到内部的蒴轴和大量的孢子。

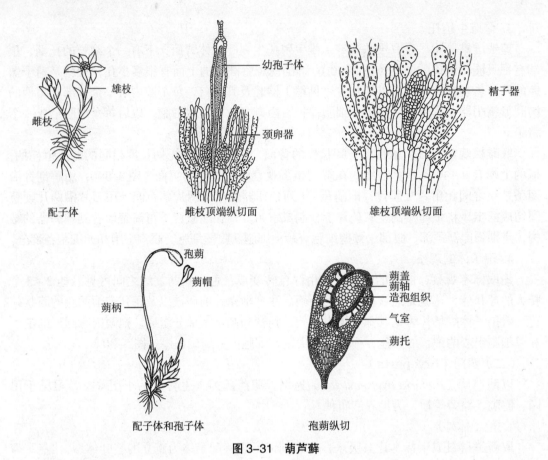

雄枝

雌枝

配子体

幼孢子体

颈卵器

雌枝顶端纵切面

精子器

雄枝顶端纵切面

孢蒴

蒴帽

蒴柄

配子体和孢子体

蒴盖
蒴轴
造孢组织
气室
蒴托

孢蒴纵切

图 3-31　葫芦藓

4. 观察原丝体和芽体

在 MS 培养基上接种葫芦藓孢子，当年成熟的孢子接种后第 2 天就能萌发，3~4 天后能观察到发育良好的原丝体。观察时，用解剖针挑取少量绿色丝状体，制作成水封片，在显微镜下能清晰地看到原丝体为分枝丝状体，细胞含许多大而圆的叶绿体。细胞的端壁多与丝状体垂直，也有斜生的。

培养 4 周后，可以看到原丝体上产生了芽体，芽体下生出很多棕褐色壁的假根，其细胞横壁斜生。以后每个芽体则发育为一个新的具拟茎、拟叶分化的配子体。

5. 葫芦藓释放孢子的观察

取已经变成红褐色的成熟孢子体，从蒴柄基部剪下，再在蒴台部横切，将孢蒴的蒴口朝上，粘在事先贴有双面胶的载玻片上。一面对着蒴口呵气（呵气的间歇时间要长些），一面在解剖镜底下观察。当呵气时，蒴齿遇水向内弯曲封住孢蒴；把载玻片拿到灯下烘烤片刻，可见蒴齿间裂开一条缝，孢子便从缝中散出；再呵气，蒴齿又闭合。蒴齿的这种吸湿运动可因自然界中的干湿变化而反复进行，以有效地将孢子散发出去。

（三）角苔门（Anthocerotophyta）

以角苔（*Anthoceros punctatus*）为例。角苔长生于阴湿的土坡、林缘草丛中，为温带常见种。

1. 配子体外形

配子体为叶状体，边缘波状浅裂，腹面生有单细胞构成的假根；叶状体无组织分化，每个细胞含 1 个大的叶绿体，内含 1 个蛋白核，是角苔门独有的特征之一。

2. 孢子体形态

孢子体生长在叶状体的背面。构成孢子体的细胞内含叶绿体，能行短暂的自养。孢子体分为基足和孢蒴两部分。基足埋于叶状体内，基足以上为针状的孢蒴，在基足和孢蒴之间有分生组织，能使孢蒴有限生长。着生孢子体的叶状体部分的细胞分裂膨大形成基鞘，有保护孢子体的作用。孢蒴外壁称蒴壁，由多层细胞组成，在显微镜下可见蒴壁上由肾形保卫细胞构成的气孔；孢蒴中间为蒴轴；孢子囊位于蒴壁和蒴轴之间。在孢子囊内，每个造孢细胞分裂形成两个细胞，上部的一个细胞为孢子母细胞，经减数分裂形成 4 个单倍的孢子，下部的一个细胞经连续有丝分裂形成由 2~4 个细胞构成的假弹丝。假弹丝细胞内壁常螺纹增厚，干湿作用使其扭曲运动，带动孢子散布体外。孢蒴自上而下逐渐成熟，蒴壁也逐渐由上往下二瓣裂开。

（四）其他

依据图片或新鲜材料辨识常见苔藓植物。

【实验报告】

1. 绘地钱叶状体横切面观并注明各部分结构。
2. 绘葫芦藓的精子器、颈卵器的表面观或切面观，示各部分结构。

【思考题】

1. 归纳苔藓植物的主要特点。
2. 简要叙述苔门、藓门和角苔门的区别点。
3. 弹丝和假弹丝有何区别？为何称假弹丝？
4. 葫芦藓的假根和地钱的假根有何不同？
5. 蒴帽属于孢子体吗？它由哪部分发育而来？

实验十四 蕨类植物

【目的与要求】

通过对代表植物的观察，掌握蕨类植物的主要特征，并与藻类植物和苔藓植物比较，更好地理解蕨类植物在植物界中的系统地位。

【材料选择与准备】

石松、卷柏、问荆、铁线蕨和真蕨腊叶标本及孢子叶穗纵切永久封片、多种常见蕨类植物的彩色图片等。

显微镜、解剖镜、放大镜、镊子、解剖针、载玻片、盖玻片和培养皿等。

【实验内容与方法】

1. 石松属（*Lycopodium*）

石松属多分布于热带、亚热带、温带地区，喜酸性土壤。我国主要分布在华南、长江流域和东北地区。

（1）孢子体外形：取标本观察（图3-32）。石松为多年生草本植物，茎匍匐、直立或悬垂生长，多回二叉状分枝，具不定根。叶小型，在茎上螺旋状排列。孢子囊穗生于枝端，在解剖镜下解剖孢子囊穗，观察孢子囊生长的部位和数目。

（2）孢子囊穗纵切封片：在低倍镜下观察孢子囊穗纵切，观察孢子叶在轴上的排列方式，重点观察孢子囊的位置和孢子的形态。石松的孢子囊单生于孢子叶近轴面的叶腋处，孢子囊穗基部的孢子囊先成熟，依次向上成熟，称其为向顶式的发育，孢子同型（图3-32）。

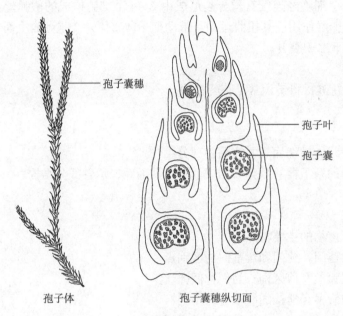

孢子体　　　　　　　孢子囊穗纵切面

图3-32　石松属

（3）石松茎横切片：茎为圆柱形，中央无髓，最外层为表皮，表皮以内较宽的部分为皮层，皮层以内是中柱，被染成红色的细胞为木质部，呈数条带状，韧皮部生于木质部之间，为编织中柱，是原生中柱的一种。

2. 卷柏属（Selaginella）

卷柏属多生于山地、潮湿林下、草地、岩面或峭壁上。观察中华卷柏（S. sinensis）或翠云草（S. uncinata）等卷柏属植物，辨别不同植物的形态及孢子囊生长的位置。卷柏为多年生草本，茎匍匐或直立，小型叶排成4行，两行侧叶较大，两行中叶较小，在近植株基部分枝处有一种无叶的分枝称根托，根托发生于叶腋内，不长叶，末端长许多不定根。孢子囊穗棒状，生于枝端，每一片孢子叶叶腋内生一个孢子囊。观察卷柏孢子囊穗纵切片，穗轴两侧排列着孢子叶，孢子叶腹面基部有叶舌，孢子有大小之分，为异形，孢子囊具短的囊柄。长大孢子的囊称大孢子囊，长大孢子囊的叶为大孢子叶；长小孢子的囊称小孢子囊，长小孢子囊的叶为小孢子叶。大孢子囊内含4个厚壁的大孢子，小孢子囊内含有多数圆球形的小孢子（图3-33）。

3. 木贼属（Equisetum）

木贼属的植物多生长于潮湿的林缘、山地、河边、沙土及荒地等。

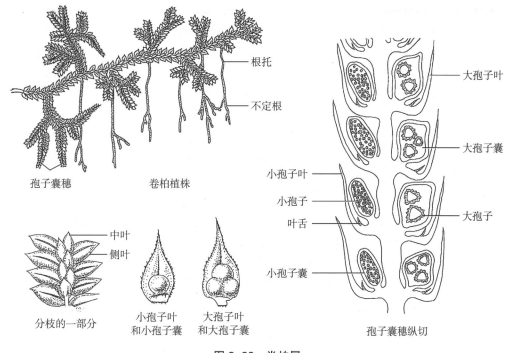

图 3-33　卷柏属

（1）观察木贼干制标本：植物体为多年生草本，地上茎和地下茎均有明显的节和节间，地下茎横走，节处生有不定根；地上茎直立，中空，有多条纵向棱脊，节处生有一轮膜质鳞片状的叶，基部连合成鞘，上部分裂成长齿。

区别木贼、问荆和节节草 3 种植物体的形态。

（2）孢子囊穗的观察：孢子囊穗椭圆状，毛笔状，由许多特化的六角形孢子叶聚生在一起。用镊子取下一片孢子叶放在解剖镜下观察，其六角形盾状的孢子叶，下部为柄，孢子叶的下面，柄周围悬挂着 5～10 枚孢子囊。成熟时，囊内有许多孢子，用解剖针捅破孢子囊，置显微镜下观察，可见孢子圆球形，孢子具两层壁，孢子成熟后，外壁分裂成 4 条带状的弹丝，弹丝基部与孢子内壁相连，细胞内壁不均匀增厚。加一滴水于孢子上，会发现弹丝因吸水而扭曲，带动孢子向四周散布，此特点有利于孢子的传播（图 3-34）。

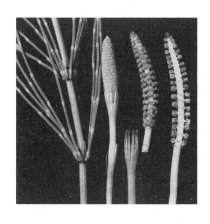

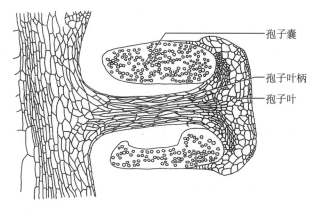

图 3-34　木贼属

4. 蕨属（*Pteridium*）

蕨属的植物多生于山地林下或林缘等处。观察蕨的植物体及生活史各阶段的特征。

取蕨（*P. aquilinum* var. *latiusculum*）的腊叶标本观察，孢子体具根、茎、叶的分化，根状茎横走，二叉分枝，密被鳞毛，根状茎向下生出不定根，向上生出叶；叶柄较长，叶大型，3～4 回羽状复叶；叶缘反卷，形成假囊群盖，反卷的叶缘内生有孢子囊，围绕叶缘构成连续的孢子囊群。

取蕨的根状茎横切片在显微镜下观察，最外层为表皮，其内为皮层，皮层外层为厚壁细胞，其余为薄壁细胞。维管束分离，在茎内排列呈不连续的两环，称多环网状中柱，在内外轮维管束之间也有机械组织，维管束中央为木质部，外侧为韧皮部，为外韧维管束，外面紧接皮层。

取蕨的孢子囊制成水封片在显微镜下观察，孢子囊柄由多细胞构成，囊壁由单层细胞构成，囊壁上有一条斜纵向排列的环带，环带细胞的侧壁和内切向壁均木质化增厚，其中有几个不加厚扁平状的细胞，称为唇细胞；孢子成熟时，由于环带细胞失水，外切向壁向细胞腔内收缩，环带上反卷，在唇细胞处横向断开，露出孢子，此时，维持环带原形状的力使环带收缩，弹出孢子；孢子同型（图 3-35）。

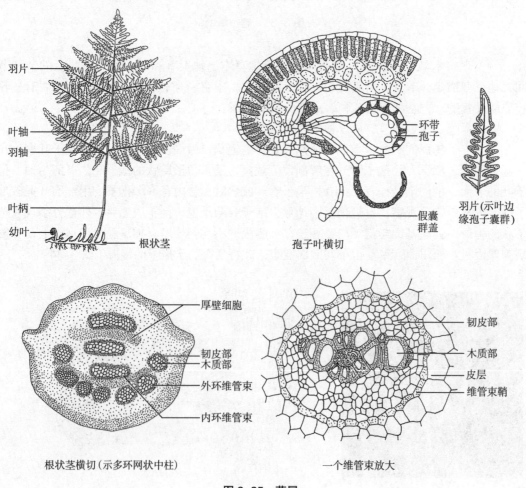

图 3-35 蕨属

取蕨的原叶体观察，蕨原叶体心形，由薄壁细胞组成，含叶绿体，能独立生活，腹面（向地面）生多数单细胞假根，在假根之间生有一些球形的精子器和长形的颈卵器，球形精子器突出体表面，壁一层细胞，内含多数精子；颈卵器颈部高 3～4 个细胞，突出体表，壁常呈褐色，腹部包埋于原叶体内。

5. 依据图片和新鲜材料，辨识常见蕨类植物。

【实验报告】

1. 绘卷柏孢子囊穗纵切面一部分图，示大、小孢子叶和大、小孢子囊及孢子。
2. 绘问荆一个孢子囊穗外形及一张包括孢子囊的孢子叶侧面观图。
3. 绘蕨的一个孢子囊，示环带的结构。
4. 绘原叶体的腹面观，示精子器和颈卵器。

【思考题】

1. 以真蕨为例，简述蕨类植物生活史，并思考蕨类植物在哪些方面表现出比苔藓进化的特点？
2. 比较卷柏、松叶蕨、问荆和蕨的茎的中柱类型，并分析各自的特点及进化水平。
3. 对于孢子囊的开裂及孢子的散布，蕨孢子囊的结构有何适应性特征？
4. 蕨类植物原始中柱的原始性表现在哪些方面？

实验十五 裸 子 植 物

【目的与要求】

1. 观察松、杉、柏 3 个科的代表植物，区别 3 个科在营养器官及生殖器官上的不同点，掌握各科的主要特征。
2. 熟悉常见的裸子植物。

【材料选择与准备】

尽可能选用新鲜材料：黑松的枝、球果、大孢子叶球、小孢子叶球和小孢子，亦可选用松属其他种代替。柳杉的枝、球果、大孢子叶球和小孢子叶球。杉木的枝、球果、大孢子叶球和小孢子叶球。侧柏的枝、球果、大孢子叶球和小孢子叶球。苏铁、银杏孢子叶球标本和各种裸子植物的彩色图片。

解剖镜、显微镜、解剖刀、解剖针、镊子、刀片、载玻片和盖玻片等。

醋酸洋红染液等。

【实验内容与方法】

（一）松科（Pinaceae）

黑松（*Pinus thunbergii*）大、小孢子叶球的构造

（1）大孢子叶球：观察大孢子叶球，卵状或椭圆状的外形。取下一片珠鳞，在珠鳞背面基部可见一片倒心形的苞鳞，珠鳞和苞鳞完全分离。在珠鳞上端可见革质暗红色菱形的

鳞盾，中间一点为鳞脐。以鳞脐为出发点有 4 条肋状突起，为鳞脊。在腹面有 2 颗珍珠状的突起，是裸露的 2 个胚珠，注意其着生位置，胚珠在成熟过程中，由珠鳞表面组织形成种翅。

（2）小孢子叶球：观察小孢子叶球的外形，其上着生有许多小孢子叶。取一小孢子叶（雄蕊）观察，药隔延伸成片状，有一短柄，背面着生 2 个花粉囊。取花粉囊中的花粉粒置于显微镜下观察，花粉具有 2 个气囊，如果气囊内充满空气，则在显微镜下观察是不透明的，如果气囊内气体被排出而充满液体，则在显微镜下观察是透明的。

（二）杉科（Taxodiaceae）

1. 柳杉（*Cryptomeria japonica* var. *sinensis*）大、小孢子叶球的构造

（1）大孢子叶球：观察大孢子叶球的外形，注意大孢子叶的着生位置，着重观察苞鳞和珠鳞的结合程度，它们是基部结合，末端分离的，珠鳞内有 2 颗胚珠。

（2）小孢子叶球：观察小孢子叶球的外形，取一小孢子叶在解剖镜下观察，小孢子叶卵圆形，背面着生 3~5 个花粉囊，腹面有一短柄。从花粉囊内取出花粉粒在显微镜下观察，可见花粉粒圆球形，每个花粉粒上都有一个小突起。

2. 杉木（*Cunninghamia lanceolata*）大、小孢子叶球的构造

（1）大孢子叶球：苞鳞和珠鳞下部合生。苞鳞横椭圆形，先端急尖，上部边缘膜质，有不规则的细齿，珠鳞较小，先端 3 裂。成熟时苞鳞革质，黄棕色，种鳞很小，先端 3 裂，腹面生 3 颗种子。

（2）小孢子叶球：小孢子叶球有短梗，簇生枝顶。小孢子叶有柄，具 3 个花粉囊。

（三）柏科（Cupressaceae）

侧柏（*Platycladus orientalis*）大、小孢子叶球的构造

（1）大孢子叶球：观察大孢子叶球的外形，为圆球形，苞鳞和珠鳞完全结合，每个大孢子叶球由 4 对珠鳞组成，中间两对珠鳞每片的腋内有 2 个胚珠，最内的 1 对珠鳞胚珠常不发育，最下 1 对珠鳞短小，较退化。

（2）小孢子叶球：注意小孢子叶的数目（6 对）和排列方式（交互对生），每个盾形小孢子叶下面有花粉囊 2~4 个。从花粉囊内取出花粉粒在显微镜下观察，花粉粒呈圆球形。

（四）观察黑松、杉木和侧柏营养体的特点

着重观察叶的着生方式、气孔线等特征。

（五）观察苏铁（*Cycas revoluta*）大、小孢子叶球的构造

注意大孢子叶上面密生的茸毛和胚珠着生的位置，注意小孢子叶在轴上的排列方式和小孢子叶背面的小孢子囊。

（六）观察银杏（*Ginkgo biloba*）大、小孢子叶球的构造

注意小孢子叶的外形、大孢子叶球的 2 个珠领上直立的胚珠。

（七）其他

依据图片或标本辨识各种裸子植物。

【实验报告】

1. 绘黑松、柳杉（或杉木）、侧柏大孢子叶腹面构造图。
2. 绘黑松、柳杉（或杉木）、侧柏种鳞的外形图。

【思考题】

1. 如何区别松、杉、柏3个科？主要依据是什么？
2. 实验中发现的裸子植物的共同特征有哪些？

实验十六　被子植物实验（Ⅰ）木兰科、毛茛科、十字花科

【目的与要求】

1. 通过对木兰科、毛茛科和十字花科代表植物形态和解剖结构的观察，掌握3个科植物分类的主要特征，了解木兰科和毛茛科植物在系统发育中表现出的原始性状。
2. 训练分科检索表的使用方法。

【实验材料的采集与准备】

采集木兰科白玉兰（*Magnolia denudata*）、含笑花（*Michelia figo*），毛茛科石龙芮（*Ranunculus sceleratus*）、刺果毛茛（*Ranunculus muricatus*），十字花科芸薹（油菜）（*Brassica campestris*）、诸葛菜（*Orychophragmus violaceus*）包括茎、叶（或带根）、花和果各部分的新鲜材料，或准备浸制标本。

解剖镜、显微镜、解剖刀、解剖针、镊子、刀片、载玻片、盖玻片和水等。

种子植物分科检索表。

【实验内容与方法】

1. 观察木兰科白玉兰和含笑植物体的形态，并运用检索表验证：

白玉兰为乔木，含笑为灌木；单叶互生，全缘；枝端可见托叶包被顶芽，在每个节上都可以看到托叶脱落后留下的环状托叶环，这是鉴别木兰科重要的特征之一。

白玉兰花的解剖：花大、单生枝顶，无花萼、花冠之分，为同被花，花被片9片，分3轮，每轮3片，白色；花两性，雌、雄蕊螺旋状着生于圆锥状伸长的花托上，雌蕊位于花托的上部，雄蕊位于花托的下部；雄蕊花丝粗短，略扁平，形态上与花药没有明显的分化，花药的药隔较宽、扁平，向先端延伸，药隔的两侧各有1个窄的花粉囊；挑取少量的花粉制成水封片在显微镜下观察，花粉为单沟型。离生雌蕊，每个雌蕊柱头、花柱和子房分化不明显，1心皮，1室，边缘胎座，内含2个胚珠；观察成熟的果实，每个雌蕊成熟后沿着背缝线开裂，为蓇葖果，许多雌蕊共同发育为聚合蓇葖果。

含笑花的解剖：花较小，单生于叶腋，花的结构与白玉兰相近，不同处在于含笑的花淡黄色，明显小于白玉兰的花，含笑开花时花瓣不完全张开；雌蕊群下有明显的雌蕊群柄，即在雌蕊群下留有光滑的一段花托——雌蕊群柄，雄蕊着生在雌蕊群柄的下面。

利用种子植物分科检索表，参照附录一"检索表的使用方法"，依次寻找白玉兰和含笑的分科鉴定依据。

2. 观察毛茛科石龙芮和刺果毛茛植物体的形态，并运用检索表验证：

二者均为直立草本；叶互生，分裂或为复叶，叶柄较长，基生及有少部分茎生叶。石龙芮为一至二年生草本，茎高可达50 cm，光滑无毛，基生叶和下部叶有长柄，叶片近肾

形至卵形，长 0.7（3）~ 4 cm，宽 1（4）~ 7 cm，3 浅裂或深裂，中间裂片菱状倒卵形，3 浅裂、全缘或有疏圆齿，侧生裂片不等 2 或 3 裂；茎生叶有柄，上部叶近无柄，通常 3 深裂至全裂，裂片条状披针形，靠近花的叶为狭长椭圆形，边缘波状。而刺果毛茛叶近圆形，先端钝，基部截形，裂片边缘具缺刻状浅裂。

石龙芮花的解剖：花小，黄色，两性，直径约 8 mm；萼片船形；花瓣与萼片几同长，狭倒卵形，基部蜜腺窝状；雄蕊多数，相互分离；挑取少量的花粉制成水封片在显微镜下观察，花粉为三沟型；离生雌蕊，1 心皮 1 室，含 1 枚胚珠，果实成熟后不开裂，为瘦果，两侧有皱纹，长约 1 mm，顶端有短喙，许多瘦果密集生在圆柱状花托上，构成圆柱状的聚合果，花托有短柔毛，花期 3—5 月。

刺果毛茛花的解剖：与石龙芮相似，但瘦果两侧表面具显著的刺状突起，聚合果呈球形，据此特征可与石龙芮相区别。

利用种子植物分科检索表，参照附录一"检索表的使用方法"，依次寻找石龙芮和刺果毛茛的分科鉴定依据。

3. 观察十字花科芸薹和诸葛菜植物体的形态，并运用检索表验证：

二者均为草本，幼时植株有白粉，单叶互生，基生叶大头羽状分裂。芸薹茎具纵棱，基生叶有柄，叶片大头羽状分裂，边缘有不整齐的大牙齿或缺刻，茎下部叶片羽状中裂，基部扩大、抱茎，茎上部叶片基部心形，两侧有垂耳，全缘或具波状齿。而诸葛菜基生叶具 1 ~ 4 对较小的侧裂片。

芸薹花的解剖：总状花序，花两性，萼片 4，分 2 轮，花瓣 4，黄色，雄蕊 6，4 长 2 短，称四强雄蕊；挑取少量的花粉制成水封片在显微镜下观察，花粉为三沟型。雌蕊由 2 个可育的心皮组成，子房上位，侧膜胎座，由假隔膜分为 2 室。果实为长角果，圆柱形，具鸟喙状尖头。

诸葛菜花的解剖：与芸薹花相似，总状花序，两性，萼片 4，内轮两枚基部呈囊状，花瓣 4，宽倒卵形，基部具长瓣柄，花紫色或粉红色，雄蕊 6。长角果，具 4 棱，顶端具喙。

利用种子植物分科检索表，参照附录"检索表的使用方法"，依次寻找芸薹和诸葛菜的分科鉴定依据。

【实验报告】

1. 绘含笑花的纵剖面、刺果毛茛的一个花瓣、芸薹的子房横切图。
2. 写出本实验中各种植物的分科检索顺序号及对应的检索特征。

【思考题】

1. 通过本次实验，你观察到了哪些被子植物的原始性状？
2. 木兰科、毛茛科和十字花科具有哪些分科特征？

实验十七 被子植物实验（Ⅱ）蔷薇科、豆科

【目的与要求】

1. 通过蔷薇科、豆科的代表植物的观察，初步了解其基本的特征及科内分亚科的

依据。

2. 训练分科检索表的使用方法。

3. 学习绘制花图式。

【实验材料的采集与准备】

采集蔷薇科麻叶绣线菊（*Spiraea cantoniensis*）、垂丝海棠（*Malus halliana*）、桃（*Amygdalus persica*）和野蔷薇（*Rosa multiflora*），豆科合欢（*Albizia julibrissin*）、紫荆（*Cercis chinensis*）和蚕豆（*Vicia faba*）包括茎、叶、花和果各部分的新鲜材料，或准备浸制标本。

解剖镜、解剖刀、解剖针、镊子、刀片、载玻片等。

种子植物分科检索表。

【实验内容与方法】

1. 观察蔷薇科植物体的形态，并运用检索表验证：

（1）麻叶绣线菊为落叶灌木，小枝细弱，圆柱形，常呈拱形垂曲，无毛；叶片菱状披针形至菱状长圆形，长 3～5 cm，先端急尖，基部楔形，边缘近中部以上有缺刻状锯齿。

麻叶绣线菊花的解剖：伞形花序，花两性，多面对称，萼片 5、基部结合，花瓣 5、分离、白色，雄蕊多数、分离，心皮 5、分离，子房上位，被丝托浅杯状，心皮具 2 至多数胚珠；由 5 枚蓇葖果构成聚合果。

（2）垂丝海棠为小乔木，树冠开展，小枝圆柱形，紫色或紫褐色；叶片卵形、椭圆形至长椭圆状卵形，先端长渐尖，边缘有圆钝细锯齿，托叶小，早落，膜质，披针形。

垂丝海棠花的解剖：花两性，多面对称，4～6 朵组成伞形状花序，花柄下垂，萼片 5、基部结合，花瓣 5、分离、粉红色，雄蕊多数、分离，花丝长短不齐，心皮 3～5，合生，并与被丝托的内壁结合形成子房下位；果为梨果。

（3）桃为落叶乔木，树皮暗红褐色，老时横向片状脱落，小枝绿色，向阳面变成红色，皮孔小而多，冬芽 2～3 个并生，中间的为叶芽，两侧的为花芽；叶片先端渐尖，基部楔形，叶缘具锯齿，齿端有时具腺体，叶柄具 1 至数枚腺体。

桃花的解剖：花两性，单生，多面对称，萼片 5、基部结合，花瓣 5、分离、粉红色，雄蕊多数、分离，雌蕊 1，生于凹陷的被丝托上，但雌蕊的子房表皮不与被丝托内壁相结合，即子房上位；果为核果。

（4）野蔷薇为落叶攀缘灌木，小枝有短粗稍弯曲的皮刺；复叶有小叶 5～9 枚，近花序的有时小叶为 3 枚，叶轴和叶柄有短柔毛或腺毛，托叶篦齿状，大部分贴生于叶柄，边缘有腺毛。

野蔷薇花的解剖：花两性，排成圆锥状花序，萼片 5、基部结合，花瓣 5、分离、白色，心皮多数、分离，子房上位，生于壶形的被丝托内，每心皮具 1 胚珠。果为聚合瘦果。

利用种子植物分科检索表，参照附录一"检索表的使用方法"，依次寻找上述 4 种植物的分科鉴定依据。

以上 4 种植物分别是蔷薇科中绣线菊亚科、梨亚科、梅亚科和蔷薇亚科的代表植物，通过观察，掌握这 4 个亚科的主要区分依据。

2. 观察豆科植物体的形态，并运用检索表验证：

（1）合欢为落叶乔木，树皮灰褐色，密生皮孔，小枝微具棱；二回羽状复叶，羽片4~12（20）对，小叶20~60枚，镰形或斜长圆形，叶柄近基部有1枚长圆形腺体，托叶小，早落。

合欢花的解剖：花多面对称，头状花序，萼片5，合生，花瓣5，分离，淡红色，镊合状排列，雄蕊多数，花丝基部结合，花丝长，外露，粉红色，柱头直立；荚果扁平，带状。

（2）紫荆为落叶灌木，小枝具明显的皮孔；叶片近圆形，基部心形，托叶长方形，早落；花先于叶开放，多数簇生在老枝上。

紫荆花的解剖：花单面对称，簇生，萼片5，结合，花瓣5，分离，紫红色，上升覆瓦状排列，即近轴3枚较小，远轴2枚较大而包裹于最外面；雄蕊10枚，排成两轮，分离，花丝外露；雌蕊的柱头稍弯。

（3）蚕豆为二年生草本，茎四棱；偶数羽状复叶有2~6枚小叶，叶轴顶端具不发达的卷须，托叶半箭头状，贴生在叶柄上。

蚕豆花的解剖：花单面对称，萼片5，结合，蝶形花冠，最上面1片为旗瓣，左、右2片为翼瓣，最下面2片联合为龙骨瓣；雄蕊10枚，近轴1枚分离，远轴9枚联合，称为二体雄蕊；雌蕊花柱弯曲，并有扫粉毛。

利用种子植物分科检索表，参照附录"检索表的使用方法"，依次寻找上述3种植物的分科鉴定依据。

以上3种植物分别代表豆科的3个亚科：含羞草亚科、云实亚科和蝶形花亚科，通过比较掌握各亚科的特征和它们之间的区别。

【实验报告】

1. 绘麻叶绣线菊、垂丝海棠、桃和野蔷薇的被丝托纵切面示意图。
2. 绘合欢、紫荆和蚕豆的花图式。
3. 写出本实验中各种植物的分科检索顺序号及对应的检索特征。

【思考题】

1. 比较蔷薇科的4个亚科的异同。
2. 列表简述豆科的3个亚科的特点。

实验十八　被子植物实验（Ⅲ）夹竹桃科、唇形科、菊科

【目的与要求】

1. 通过夹竹桃科、唇形科和菊科代表植物的观察，初步了解其基本的特征。
2. 训练检索表的使用。
3. 学会绘制花图式。

【实验材料的采集与准备】

采集夹竹桃科夹竹桃（*Nerium indicum*）、蔓长春花（*Vinca major*），唇形科益母

草（*Leonurus japonicus*）、一串红（*Salvia splendens*），菊科非洲菊（扶郎花）（*Gerbera jamesonii*）、蒲公英（*Taraxacum mongolicum*）包括茎、叶、花和果各部分的新鲜材料，或准备浸制标本。

解剖镜、解剖刀、解剖针、镊子、刀片、载玻片等。

种子植物分科检索表。

【实验内容与方法】

1. 观察夹竹桃科植物体的形态，并运用检索表验证：

（1）夹竹桃为常绿大灌木，枝条灰绿色，嫩枝有棱；叶 3～4 片轮生，叶片革质，条状披针形，侧脉密生，纤细而平行。

夹竹桃花的解剖：聚伞花序顶生，花两性，花萼 5 深裂，内面基部具腺体，花冠 5 裂，白色，漏斗状，花冠筒内面被长柔毛，喉部具 5 片宽鳞片状副花冠，雄蕊 5 枚，着生在花冠筒中部以上，花丝短，花药箭形，顶端有丝状附属物，花柱丝状；蓇葖果 2 枚，离生；种子长圆形，顶端具黄褐色绢质毛。

（2）蔓长春花为蔓性半灌木，花茎直立，圆筒形，中空，无毛；叶对生，叶片卵形或宽卵形，侧脉 4～5 对。

蔓长春花的解剖：花单朵腋生，花萼 5，花冠 5 裂，蓝紫色，花冠筒漏斗状，雄蕊着生于花冠筒中部以下，花药顶端有毛，子房由 2 心皮组成；蓇葖果 2 枚，离生。

利用种子植物分科检索表，依次寻找夹竹桃和蔓长春花的分科鉴定依据。

2. 观察唇形科植物体的外部形态及运用检索表验证：

（1）益母草为一年生或二年生草本；茎直立，钝四棱形，有倒向糙伏毛，在节及棱上尤为密集，老时渐渐脱落；叶片形状变化较大，基生叶为圆心形、有浅裂，下部茎生叶掌状 3 全裂，中部叶菱形，较小，最上部的叶条形。

益母草花的解剖：轮伞花序腋生，8～15 朵，花萼管状钟形，具 5 齿，前方（远轴面）2 齿靠合，后方（近轴面）3 齿较短；花冠粉红色至淡紫色或白色，内面具有不明显的毛环，冠檐二唇形，上唇直伸，下唇稍短，3 裂，雄蕊 4，平行，前对较长，花柱丝状，花盘平顶，子房无毛；小坚果长圆状三棱形，顶端截平，光滑。

（2）一串红为引种栽培的观赏花卉，半灌木状草本，茎钝四棱形，无毛；叶片卵形或卵圆形，先端渐尖，边缘具锯齿，两面无毛，下面有腺点。

一串红花的解剖：轮伞花序 2～6 朵花，组成顶生的总状花序，苞片红色，大；花萼钟形，红色，二唇形，唇裂达花萼长 1/3，下唇比上唇大，深 2 裂，花冠红色，筒状，喉部增大，冠檐二唇形，下唇比上唇短，3 裂，能育雄蕊 2，花盘等大；小坚果椭圆形，暗褐色。

利用种子植物分科检索表，依次寻找益母草和一串红的分科鉴定依据。

3. 观察菊科植物体的形态，并运用检索表验证：

（1）非洲菊（扶郎花）属于菊科管状花亚科。为多年生栽培草本，全株有细毛；叶基生，羽状深裂或浅裂，被长柔毛，中脉粗壮，侧脉在两面均明显。

非洲菊花的解剖：头状花序单生于花葶顶端，总苞钟形，总苞片 2 层，外层条形，内层长圆状披针形；花托扁平，无托毛，由外向内分别着生假舌状雌花、两唇形花及管状花；下位瘦果圆柱形。

（2）蒲公英属于菊科舌状花亚科。为多年生草本，有乳汁；叶基生，叶片宽倒卵状披针形或倒披针形，边缘具齿或倒向羽状分裂，顶生裂片较大，叶柄具翅，被蛛丝状柔毛。

蒲公英花的解剖：花葶1至多个，头状花序总苞钟状，总苞片2～3层，外层总苞片披针形，内层总苞片条状披针形；舌状花黄色，先端5齿裂；下位瘦果倒卵状披针形。

利用种子植物分科检索表，依次寻找扶郎花和蒲公英的分科鉴定依据。

【实验报告】

1. 绘蔓长春花的纵剖图、一串红雌蕊的形态图以及非洲菊或蒲公英聚药雄蕊的构造。
2. 写出本实验中各种植物的分科检索顺序号及对应的检索特征。
3. 写出本实验中各种植物的花程式，并绘制其花图式。

【思考题】

1. 比较菊科的管状花亚科和舌状花亚科的异同。
2. 归纳依据哪些特征辨别唇形科植物？

实验十九　被子植物实验（Ⅳ）禾本科、百合科、兰科

【目的与要求】

1. 通过禾本科、百合科和兰科代表植物的观察，初步了解3个科的基本特征。
2. 训练检索表的使用。
3. 学会绘制花图式。

【实验材料的采集与准备】

采集禾本科小麦（*Triticum aestivum*）、柯孟披碱草（鹅观草）（*Elymus kamoji*），百合科洋葱（*Allium cepa*）、吊兰（*Chlorophytum comosum*），兰科白及（*Bletilla striata*）、石斛（*Dendrobium nobile*）包括茎、叶、花和果各部分的新鲜材料，或准备浸制标本。

解剖镜、解剖刀、解剖针、镊子、刀片、载玻片等。

种子植物分科检索表。

【实验内容与方法】

1. 观察禾本科植物体的形态，并运用检索表验证：

（1）小麦为两年生草本，秆可高达1 m以上；叶鞘通常短于节间，叶舌膜质，叶片条形，表面粗糙。

小麦花的解剖：穗状花序挺直，花两性，花序轴曲折，每节上生1无柄小穗，长10～15 mm，小穗最外面2片为颖片，分别称为外颖和内颖；颖片内有数朵花，每朵花有外稃和内稃，外稃有芒，外稃和内稃内包含2枚浆片、3枚雄蕊和1枚雌蕊，子房上位，1心皮1室，柱头2，羽毛状；颖果。

（2）柯孟披碱草为直立或基部稍倾斜的草本，高30～100 cm；叶鞘长于节间或上部的较短，光滑，外侧边缘具纤毛，叶舌平截，长约0.5 mm，叶片长5～30 cm，宽

3 ~ 15 mm。

披碱草花的解剖：穗状花序下垂，穗轴边缘粗糙或具小纤毛，小穗长 15 ~ 20 mm，含 3 ~ 10 朵小花；颖片先端尖锐至具短芒，第 1 颖长 4 ~ 7 mm，第 2 颖长 5 ~ 10 mm；外稃具宽膜质边缘，第 1 外稃具长达 2 ~ 4 cm 的芒，粗糙，内稃脊上显著具翼。

利用种子植物分科检索表，依次寻找小麦和柯孟披碱草的分科鉴定依据。

2. 观察百合科植物体的形态，并运用检索表验证：

（1）洋葱为栽培植物，具圆球形鳞茎，鳞茎皮通常紫红色，稀淡黄色；叶多数，无柄，叶片挺直，圆筒形，中空，具特殊气味。

洋葱花的解剖：花葶粗壮，圆筒状，伞形花序球状；花多而密集，粉白色，具绿色中脉，雄蕊 6，等长，内轮花丝基部极扩大，扩大部分每侧各具 1 齿；子房近球形，上位，3 心皮 3 室；蒴果。

（2）吊兰为栽培观赏草本，根鞘肥厚；叶剑形，绿色或有黄色条纹，长 10 ~ 30 cm，宽 1 ~ 2 cm，向两端稍变狭。

葱莲花的解剖：花两性，常 2 ~ 4 朵簇生，花梗长 7 ~ 12 mm，中上部有关节，花被片 6，排成 2 轮；雄蕊 6，排成 2 轮，花药基部常二裂；子房上位，3 心皮；蒴果锐三棱形。

利用种子植物分科检索表，依次寻找洋葱和吊兰的分科鉴定依据。

3. 观察兰科植物体的形态，并运用检索表验证：

（1）白及为多年生陆生草本，株高 30 ~ 80 cm，具明显粗壮的直立茎，基部的假鳞茎扁球形，彼此相连接，上面具类似荸荠的环纹，富黏性；叶 4 ~ 5 片，狭长椭圆形或披针形，长 18 ~ 45 cm，宽 2.5 ~ 5 cm，叶面具多条平行纵褶。

白及花的解剖：花两性，构成顶生的总状花序，苞片膜质，红色；花紫红色，萼片 3，花瓣 3，唇瓣内具 5 条白色纵褶片，上部 3 裂，两侧裂片耳形；雄蕊 1 枚，和雌蕊合生成合蕊柱，与唇瓣对生，花粉粘合成 8 个花粉块；子房下位，花期扭曲，侧膜胎座，1 室；蒴果，种子细小而多。

（2）石斛为多年生附生植物，假鳞茎伸长呈茎状，肉质，具多节，节上具膜质筒状鞘；叶革质，长圆形，先端钝并且不等侧二裂。

石斛花的解剖：花两性，总状花序生于老茎中部以上；苞片绿色；花白色，萼片 3，花瓣 3，先端淡紫红色，唇瓣内具 1 个紫红色斑块；雄蕊 1 枚，与雌蕊合生成合蕊柱，绿色；花粉粘合成 4 个花粉块；子房下位，1 室；蒴果，种子小而多。

利用种子植物分科检索表，依次寻找白及和石斛的分科鉴定依据。

【实验报告】

1. 绘小麦小穗形态图、洋葱子房横切图、白及合蕊柱形态图。
2. 写出本实验中各种植物的花程式和检索路径。

【思考题】

根据本实验所给 6 种植物的特征，编写一个简易的分种检索表（编制方法和注意事项可参阅数字课程中的相关内容）。

实验二十　被子植物分类鉴定大实验

提供给教师的实验教学参考方案：

被子植物分类鉴定大实验可分为多个实验单元进行，每单元 2~3 学时（依教学时数及大纲要求而定）。每次实验前，教师将被鉴定物种编号（不向学生提供物种名称，要求学生独立鉴定）；对标本不全的情况，根据需要适当补充鉴定特征，以便学生顺利使用检索表。学生可利用"植物特征验证"中的形态描述核对鉴定结果是否准确（参阅后文**实验方案样例及实验考核方式样例**）；3 学时的实验课，选定 4~5 种为宜。

【目的与要求】

1. 培养学生独立鉴定植物的能力；学习分科检索表、分属检索表、分种检索表的应用，要求达到熟练程度。

2. 巩固、掌握植物分类学的基本术语。

3. 学会写花程式，绘花图式。

4. 使学生初步了解植物各大类群之间的差别及亲缘关系。

5. 通过实验鉴定，熟悉百合科、报春花科、唇形科、大戟科、豆科、杜鹃花科、禾本科、胡桃科、葫芦科、虎耳草科、夹竹桃科、金缕梅科、金丝桃科、堇菜科、锦葵科、景天科、桔梗科、菊科、壳斗科、兰科、藜科、蓼科、萝藦科、马鞭草科、毛茛科、木兰科、木犀科、葡萄科、槭树科、蔷薇科、茄科、忍冬科、伞形科、桑科、莎草科、山茶科、十字花科、石蒜科、石竹科、鼠李科、天南星科、卫矛科、五加科、苋科、小檗科、玄参科、旋花科、杨柳科、榆科、鸢尾科、芸香科、泽泻科和樟科等的主要特征。

6. 在实验鉴定过程中，熟悉、了解其他科常见植物的特征。

【材料选择与准备】

主要实验材料准备清单（各学校可根据实际情况选择。所列物种均配有简要特征描述附在"植物特征验证"中。选材时还可根据具体情况，适当选用下表未列出的种、属或科，但需要确保选用的种被包括在提供给学生的检索表内。此外，避免向学生提供中性花、重瓣花，雌雄异株时雌雄标本均应提供）：

阿拉伯婆婆纳 *Veronica persica*　　　蚕豆 *Vicia faba*

八角金盘 *Fatsia japonica*　　　茶 *Camellia sinensis*

白车轴草 *Trifolium repens*　　　常春藤 *Hedera nepalensis* var. *sinensis*

白丁香 *Syringa oblata* var. *alba*　　　臭牡丹 *Clerodendrum bungei*

白及 *Bletilla striata*　　　垂柳 *Salix babylonica*

白玉兰 *Magnolia denudata*　　　垂盆草 *Sedum sarmentosum*

百合 *Lilium brownii* var. *viridulum*　　　垂丝海棠 *Malus halliana*

半边莲 *Lobelia chinensis*　　　刺果毛茛 *Ranunculus muricatus*

半夏 *Pinellia ternata*　　　葱莲 *Zephyranthes candida*

报春花 *Primula malacoides*　　　大花马齿苋 *Portulaca grandiflora*

碧冬茄（矮牵牛）*Petunia hybrida*　　　大丽花 *Dahlia pinnata*

代代酸橙 *Citrus aurantium* 'Daidai'

丹参 *Salvia miltiorrhiza*

稻 *Oryza sativa*

冬青卫矛 *Euonymus japonicus*

杜鹃 *Rhododendron simsii*

鹅肠菜 *Myosoton aquaticum*

番茄 *Lycopersicon esculentum*

非洲菊 *Gerbera jamesonii*

非洲天门冬 *Asparagus densiflorus*

枫杨 *Pterocarya stenoptera*

凤尾丝兰 *Yucca gloriosa*

扶芳藤 *Euonymus fortunei*

杠柳 *Periploca sepium*

狗牙根 *Cynodon dactylon*

枸杞 *Lycium chinense*

构树 *Broussonetia papyrifera*

过路黄 *Lysimachia christinae*

含笑花 *Michelia figo*

含羞草 *Mimosa pudica*

合欢 *Albizia julibrissin*

红蓼（荭草）*Polygonum orientale*

胡萝卜 *Daucus carota* var. *sativa*

虎耳草 *Saxifraga stolonifera*

黄鹌菜 *Youngia japonica*

黄杨 *Buxus microphylla* subsp. *sinica*

活血丹 *Glechoma longituba*

火柴头（饭包草）*Commelina bengalensis*

鸡爪槭 *Acer palmatum*

蓟 *Cirsium japonicum*

蒺藜 *Tribulus terrester*

夹竹桃 *Nerium indicum*

结香 *Edgeworthia chrysantha*

金丝桃 *Hypericum monogynum*

金鱼草 *Antirrhinum majus*

锦葵 *Malva cathayensis*

柯孟披碱草（鹅观草）*Elymus kamoji*

栝楼 *Trichosanthes kirilowii*

蜡梅 *Chimonanthus praecox*

藜 *Chenopodium album*

龙葵 *Solanum nigrum*

葎草 *Humulus scandens*

络石 *Trachelospermum jasminoides*

麻栎 *Quercus acutissima*

麻叶绣线菊 *Spiraea cantoniensis*

马利筋 *Asclepias curassavica*

马缨丹 *Lantana camara*

蔓长春花 *Vinca major*

毛地黄 *Digitalis purpurea*

梅 *Armeniaca mume*

美女樱 *Verbena × hybrida*

南苜蓿 *Medicago polymorpha*

南天竹 *Nandina domestica*

茑萝松 *Quamoclit pennata*

牛筋草 *Eleusine indica*

牛膝 *Achyranthes bidentata*

女贞 *Ligustrum lucidum*

爬山虎 *Parthenocissus tricuspidata*

蒲公英 *Taraxacum mongolicum*

朴树 *Celtis sinensis*

牵牛 *Ipomoea nil*

青冈 *Cyclobalanopsis glauca*

忍冬 *Lonicera japonica*

日本珊瑚树 *Viburnum odoratissimum* var. *awabuki*

榕树 *Ficus microcarpa*

三色堇 *Viola tricolor*

桑 *Morus alba*

山麻杆 *Alchornea davidii*

十大功劳 *Mahonia fortunei*

石斛 *Dendrobium nobile*

石龙芮 *Ranunculus sceleratus*

石竹 *Dianthus chinensis*

矢车菊 *Centaurea cyanus*

蜀葵 *Alcea rosea*

鼠耳芥 *Arabidopsis thaliana*

丝瓜 *Luffa cylindrica*

薹草属物种 *Carex* sp.

桃 *Amygdalus persica*

通泉草 *Mazus pumilus*

茼蒿 *Chrysanthemum coronarium*

苇状羊茅 *Festuca arundinacea*

蚊母树 *Distylium racemosum*

莴苣 *Lactuca sativa*

乌桕 *Tridica sebifera*

乌蔹莓 *Cayratia japonica*

梧桐 *Firmiana simplex*

喜旱莲子草 *Alternanthera philoxeroides*

细柱五加 *Eleutherococcus nodiflorus*

香附子 *Cyperus rotundus*

响叶杨 *Populus adenopoda*

向日葵 *Helianthus annuus*

小蜡 *Ligustrum sinense*

小麦 *Triticum aestivum*

羊蹄 *Rumex japonicus*

洋葱 *Allium cepa*

野慈姑 *Sagittaria trifolia*

野蔷薇 *Rosa multiflora*

一串红 *Salvia splendens*

一品红 *Euphorbia pulcherrima*

益母草 *Leonurus japonicus*

榆树（白榆）*Ulmus pumila*

芸薹（油菜）*Brassica campestris*

鸢尾 *Iris tectorum*

月桂 *Laurus nobilis*

枣 *Ziziphus jujuba*

泽漆 *Euphorbia helioscopia*

樟 *Cinnamomum camphora*

枳（枸橘）*Poncirus trifoliata*

诸葛菜 *Orychophragmus violaceus*

紫荆 *Cercis chinensis*

醉鱼草 *Buddleja lindleyana*

解剖镜、解剖刀、镊子、解剖针、刀片和枝剪等。

分科、分属及分种检索表。

【植物特征验证】

阿拉伯婆婆纳 *Veronica persica*

一年至二年生草本，有柔毛。茎自基部分支，下部伏生地面，斜上，高 10 ~ 30 cm。叶在茎基部对生，上部互生，卵圆形、卵状长圆形，长、宽 1 ~ 2 cm，边缘有钝锯齿，基部圆形，无柄或上部叶有柄。花单生于苞腋，苞片呈叶状；花萼 4 深裂，长 6 ~ 8 mm，裂片狭卵形；花冠淡蓝色，有放射状深蓝色条纹；有花柄，长 1.5 ~ 2.5 cm，长于苞片。蒴果 2 深裂，倒扁心形，宽大于长，有网纹，两裂片叉开 90° 以上，裂片顶端钝，宿存花柱超出凹口很多；种子舟形或长圆形，腹面凹入，有皱纹。花期 2—5 月。

八角金盘 *Fatsia japonica*

伞形花序集成顶生的圆锥花序；伞形花序直径 3 ~ 5 cm，花序总梗长 30 ~ 40 cm；花黄白色，花柄长 1.0 ~ 1.5 cm，无关节，花萼 5 齿，花瓣 5；花柱 5，分离；子房 5 室，每室有 1 胚珠。果实球形，直径约 8 mm。花期 10—11 月，果熟期翌年 4 月。

白车轴草 *Trifolium repens*

一年生草本。茎匍匐，无毛。复叶有 3 小叶，小叶倒卵形或倒心形，长 1.2 ~ 2.5 cm，宽 1 ~ 2 cm，栽培的叶长可达 5 cm，宽达 3.8 cm，顶端圆或微凹，基部宽楔形，边缘有细齿，表面无毛，背面微有毛；托叶椭圆形，顶端尖，抱茎。花序头状，有长总花柄，高出于叶；萼筒状，萼齿三角形，较萼筒短；花冠白色或淡红色。荚果倒卵状椭圆形，有 3 ~ 4 种子；种子细小，近圆形，黄褐色。花期 5 月。

白丁香 *Syringa oblata* var. *alba*

木本。叶对生，全缘。圆锥花序长 6 ~ 12 cm；花白色，花冠筒长 10 ~ 12 mm，裂片 4，圆钝，开展；雄蕊 2，花药着生于花冠筒中部或中部以上。蒴果扁压，长 1 ~ 2 cm，光滑。花期 4 月。

白及 *Bletilla striata*

顶生的总状花序，苞片膜质红色；花红紫色；萼片 3；花瓣 3，唇瓣内有 5 条白色纵褶，上部 3 裂，两侧裂片耳形；雄蕊 1 枚，和雌蕊合生成合蕊柱，与唇瓣对生，花粉黏成块状；子房下位，1 室。蒴果，种子多而细小。花期 5—6 月。

白玉兰 *Magnolia denudata*

落叶乔木。有托叶环。花大，两性，单生枝顶；无花萼、花冠的区别；雄蕊位于花托的下部；雌蕊位于花托的上部，无雌蕊群柄，这与含笑花有明显的区别。菁葖果；种子红色。花期 3 月。

百合 *Lilium brownii* var. *viridulum*

鳞茎近球形，径约 5 cm。花 1 至多数生茎端；花被片乳白色，背面中肋带淡紫色，长约 15 cm，外轮倒披针形，宽 2 cm，内轮宽倒披针形，宽约 3 cm，开花时上部稍反卷。蒴果直立，长圆形或倒卵形。花期 7 月，果期 9—10 月。

半边莲 *Lobelia chinensis*

矮小草本。花单生叶腋，花柄超出叶外；萼筒长管形，基部狭窄成柄；花冠白色或红紫色，无毛或内部略带细短柔毛，5 裂，裂片近相等；花药合生，下面 2 花药顶端有毛。4—5 月开花。

半夏 *Pinellia ternata*

块茎扁球形，直径 1～2 cm。叶单一或裂成 3 小叶，叶柄长 10～25 cm。花茎高于叶；佛焰苞长 6～7 cm，绿色，上部紫红色；肉穗花序延伸的附属物鞭状，伸出佛焰苞外；雌花位于肉穗花序的下部，贴生佛焰苞上；雄花密集成圆筒形。浆果，卵圆形，绿色。花期 4—6 月。

报春花 *Primula malacoides*

草本。花葶 8～40 cm，轮伞花序，每轮均为线状披针形苞片所托，有花 3～14 朵，花柄不等长；花萼钟形，长 3～5 mm；花冠蓝色或粉红色，5 深裂，裂片顶端有凹缺，花冠管较萼长。花果期 3—5 月。

碧冬茄（矮牵牛）*Petunia hybrida*

草本，高 50～60 cm，全株有腺毛。茎直立或倾斜，圆柱形。叶在茎上部对生，无柄，下部互生，有短柄；叶片卵形，长 3.5～5.0 cm，宽 1.5～4.0 cm，两面有短毛，顶端短尖或较钝，基部渐狭，全缘。花单生于叶腋，长 3～6 cm，柄长约 5 cm；花萼 5 深裂，裂片披针形；花冠漏斗状，长 5～7 cm，顶端 5 钝裂，花瓣变化大，有单瓣或重瓣，边缘皱纹状或有不规则锯齿，白色或紫红色，外面有柔毛。蒴果光滑，2 瓣裂。花期 7—10 月。

蚕豆 *Vicia faba*

一年生草本。花两侧对称；萼片 5，结合，下萼齿较长；蝶形花冠白色，具紫色脉纹及黑色斑晕，旗瓣中部缢缩，翼瓣短于旗瓣，龙骨瓣短于翼瓣，花瓣有瓣柄；雄蕊 10，上面 1 枚分离，下面 9 枚结合；花柱密被白色柔毛，顶端远轴面有一束髯毛。荚果肥厚。花期 3—4 月。

茶 *Camellia sinensis*

花两性，单生；萼片 5～6，边缘有睫毛；花冠 5，分离，白色，覆瓦状排列；雄蕊多数，排成多轮，基部结合，但是里面一轮花丝分离；子房密生白毛，花柱无毛，顶端 3

裂。果为蒴果。花期 10—11 月。

常春藤 *Hedera napalensis* var. *sinensis*

常绿藤本，借助气生根攀缘他物上。营养枝上的叶 3 ~ 5 裂，长 3 ~ 8 cm；花枝的叶卵形至菱形，基部圆形至截形。伞形花序通常数个排成总状花序；花萼 5 齿裂；花瓣 5，在蕾中镊合状排列；雄蕊 5，花药椭圆形；子房 5 室，花柱连合为柱状。果实黑色，圆球状。花期 9 ~ 10 月，果熟期翌年 4—5 月。

臭牡丹 *Clerodendrum bungei*

灌木，有臭味。叶对生。伞房状聚伞花序密集成头状；苞片披针形，长约 3 cm；花萼长 2 ~ 6 mm，被柔毛及腺体，裂片三角形；花淡红色或紫红色，花冠筒长 2 ~ 3 cm。核果近球形，蓝黑色。花果期 5—11 月。

垂柳 *Salix babylonica*

乔木，高达 15 m；小枝细长，下垂。叶狭披针形或线状披针形，边缘有细锯齿，无毛或幼时有柔毛，背面带白色；叶柄长 6 ~ 12 mm，有短柔毛。花序轴有短柔毛；雄花序长 2 ~ 4 cm，苞片长圆形，背面有较密的柔毛，雄蕊 2，基部微有毛，腺体 2；雌花序长 1.5 ~ 2.5 cm，雌花腺体 1，子房无毛，柱头 4 裂。蒴果黄褐色，长 3 ~ 4 mm。花期 4 月。

垂盆草 *Sedum sarmentosum*

肉质草本。叶常 3 片轮生，倒披针形至长圆形。聚伞花序疏松，常 3 ~ 5 分枝；花淡黄色，无梗；萼片 5，阔披针形至长圆形，长 3.5 ~ 5.0 mm，顶端稍钝；花瓣 5，披针形至长圆形，长 5 ~ 8 mm，顶端外侧有长尖头；雄蕊 10，较花瓣短；心皮 5，稍开展。蓇葖果；种子细小，卵圆形，无翅，表面无乳头状突起。花期 5—6 月，果期 7—8 月。

垂丝海棠 *Malus halliana*

花两性，4 ~ 6 朵组成伞形花序；花柄下垂，花辐射对称；萼片 5，基部结合；花瓣 5，分离，粉红色，有短瓣柄；雄蕊多数，分离，花丝长短不齐；心皮 2 ~ 5 个，合生，并与被丝托之内壁结合成子房下位。果为梨果。花期 3—4 月。

刺果毛茛 *Ranunculus muricatus*

草本。花两性，单生，与叶对生；萼片、花瓣各 5，偶较少或较多；花瓣常黄色，基部有袋状蜜腺穴。瘦果集生于花托，成小头状，瘦果两面生有刺状突起。花期 3—5 月。

葱莲 *Zephyranthes candida*

多年生草本。有鳞茎。叶狭条形，肥厚。花单生茎顶端，漏斗状花茎中空；花被片 6，排成 2 轮；雄蕊 6，排成 2 轮，着生于花被管喉部，3 长 3 短；子房下位，3 心皮。蒴果。花期秋季。

大花马齿苋 *Portulaca grandiflora*

肉质草本。花顶生，直径约 4 cm，基部有轮生叶状苞片；花瓣 5 或重瓣，颜色鲜艳，有白、深黄、红等色，但易凋谢。蒴果盖裂；种子小，亮棕色或棕黑色。花期 6—7 月。

大丽花 *Dahlia pinnata*

多年生草本，有块根。茎直立，光滑，多分支。叶对生，2 回羽状分裂，或上部叶 1 回羽状分裂。头状花序直径通常 6 ~ 12 cm，有长梗；总苞两层，外层总苞片较内层短小，绿色，内层总苞片较外层质薄，近膜质；缘花舌状，有红、紫、白等色，通常 8 朵，但栽培品种常增多；盘花黄色；花序托通常扁平，有膜质托片。下位瘦果扁平。花果期 6—12 月。

代代酸橙 Citrus aurantium 'Daidai'

灌木。枝疏生短棘刺，嫩枝有棱角。单身复叶，翼叶明显。花成总状花序；花萼质厚，5裂，裂片卵圆形；花白色，花瓣5，长2.0~2.5 cm；雄蕊21~24，常3~5枚结合。果实扁圆形，横径7~8 cm，顶端稍平，有一圈环纹，基部有显著花后增大的宿存花萼，瓤囊10~12瓣，果心中空；种子椭圆形，顶端楔形，子叶白色。花期5月，果熟期12月。

丹参 Salvia miltiorrhiza

多年生草本。根肥厚肉质，红色。花两性，轮伞花序4~8花，具长柔毛及腺毛；萼片5，基部结合；花冠二唇形，上2、下3；雄蕊2，有关节，对昆虫传粉有高度的适应，退化雄蕊棍棒状；子房上位，2心皮4室，每室胚珠1个，花柱基生。小坚果。花期4—6月。

稻 Oryza sativa

一年生栽培作物，植株的高矮、叶片的长短和宽度等随栽培措施及品种而有变化，通常在幼时有明显的叶耳，老时脱落。圆锥花序成熟时下垂；小穗长圆形；退化外稃锥状，无毛；孕性外稃与内稃遍被细毛，很少无毛；浆片卵圆形，长约1 mm。花果期夏秋季。

冬青卫矛 Euonymus japonicus

常绿灌木或小乔木。小枝近四棱形。叶片革质，表面有光泽，倒卵形或狭椭圆形，长3~6 cm，宽2~3 cm，顶端尖或钝，基部楔形，边缘有细锯齿；叶柄长6~12 mm。花绿白色，4数，5~12朵排列成密集的聚伞花序，腋生。蒴果近球形，有4浅沟，直径约1 cm；种子棕色，假种皮橘红色。花期6—7月，果熟期9—10月。

杜鹃 Rhododendron simsii

灌木分枝多，密被糙状毛。花两性，2~6朵簇生枝顶；萼片5深裂；花冠鲜红色，宽漏斗形，5裂；雄蕊10，花丝中部以下有柔毛，花药孔裂；子房上位，5心皮5室。蒴果。花期4—6月。

鹅肠菜 Myosoton aquaticum

花柄细长，花后下垂；萼片5，宿存，果期增大，外面有短柔毛；花瓣5，白色，2深裂几达基部；雄蕊10。蒴果卵形，5瓣裂，每瓣端再2裂。花期4—5月，果期5—6月。

番茄 Lycopersicon esculentum

花黄色，3~7朵生于聚伞花序上，腋外生；花萼裂片5~6；花冠辐状，5~7深裂；雄蕊5~7。浆果扁球形或近球形，成熟后红色或黄色。花果期4—6月。

非洲菊 Gerbera jamesonii

头状花序通常单生花茎顶端，头状花序直径8~10 cm；总苞片线状披针形，顶端渐尖；缘花雌性，舌状花通常橘红色。花期5月。原产非洲。

非洲天门冬 Asparagus densiflorus

总状花序；花被片6，排成2轮；雄蕊6，排成2轮，着生于花被片的基部，花药2室，丁字形着生；子房上位，3心皮3室。浆果。花期5—6月。

枫杨 Pterocarya stenoptera

落叶乔木。羽状复叶，叶轴具翅。花单性，雌雄同株；雄柔荑花序单生叶腋内，长6~10 cm，下垂；雌柔荑花序顶生，长约15 cm，下垂。坚果长椭圆形，长约6 mm，果翅

2，翅长圆形至长卵状披针形，斜上开展，长约 17 mm。花期 5 月，果期 7—9 月。

凤尾丝兰 *Yucca gloriosa*

茎短。叶密集，螺旋排列茎上，质坚硬，有白粉，剑形，长 40 ~ 70 cm，宽 4 ~ 6 cm，顶端硬尖，通常全缘，无白色丝状纤维或老时有。圆锥花序高 1 m 多；花乳白色，杯状，下垂；花被片顶端带紫红色，宽卵形，长 4 ~ 5 cm；雄蕊花丝肉质，上部约 1/3 向外反曲。蒴果椭圆状卵形，长 5 ~ 6 cm，不开裂。花期 10—11 月。

扶芳藤 *Euonymus fortunei*

木质藤本，茎枝具气生根。单叶对生。聚伞花序腋生，有花 5 ~ 15 朵（有时更多）。花绿白色，4 数；雄蕊有细长花丝。蒴果黄红色，近球形，稍有 4 凹线，直径约 1 cm；种子有橘红色的假种皮。花期 5—7 月，果熟期 10 月。

杠柳 *Periploca sepium*

蔓性灌木，有乳汁。茎无毛。叶对生，长圆状披针形，长 5 ~ 9 cm，宽 1.5 ~ 2.5 cm，基部楔形，顶端渐尖，侧脉多数。聚伞花序腋生；花冠紫红色，直径 1.5 ~ 2.0 cm，裂片 5，反折，内面有疏柔毛；副花冠杯状，5 裂，裂片丝状伸长，有柔毛；花粉颗粒状，藏在直立匙形的载粉器内。蓇葖果双生；种子顶端具白色绢质种毛。花期 5—6 月，果期 8 月。

狗牙根 *Cynodon dactylon*

草本。秆细而坚韧，下部匍匐地面。穗状花序长 1.5 ~ 5.0 cm；小穗灰绿色或带紫色，通常 1 小花，长 2.0 ~ 2.5 mm；颖有膜质边缘，长 1.5 ~ 2.0 mm，几等长或第 2 颖稍长；外稃草质，与小穗同长；花药黄色或紫色，长 1.0 ~ 1.5 mm。花果期 5—10 月。

枸杞 *Lycium chinense*

花单生或 2 ~ 4 朵簇生叶腋；花萼钟状，3 ~ 5 齿裂；花冠紫红色，漏斗状，裂片长与筒几相等，长 9 ~ 12 mm，有缘毛；雄蕊 5，花丝基部密生绒毛。浆果卵圆形或长椭圆形，长 1 ~ 2 cm，成熟时红色；种子肾形，黄白色。花期 8—10 月，果熟期 10—11 月。

构树 *Broussonetia papyrifera*

树皮平滑，浅灰色；枝粗壮，平展，红褐色，密生白色绒毛。叶阔卵形，长 8 ~ 20 cm，宽 6 ~ 15 cm，顶端锐尖，基部圆形或近心形，边缘有粗齿，3 ~ 5 深裂（幼枝上的叶更为明显），两面有厚柔毛；叶柄长 3 ~ 5 cm，密生绒毛；托叶卵状长圆形，早落。花雌雄异株；雄花序为腋生下垂的柔荑花序，长 6 ~ 8 cm；雌花序头状，苞片棒状，顶端圆锥形，有毛；单被花，4 基数；柱头线形，被毛。聚花果球形，直径约 3 cm。花期 5 月，果熟期 9 月。

过路黄 *Lysimachia christinae*

叶、萼、花冠均有黑色腺条。花单生叶腋，花柄长达叶的顶端；花萼 5 深裂；花冠黄色，长为花萼的 2 倍，裂片舌形，顶端尖；雄蕊不等长，花丝基部连合成环；子房表面有黑色腺斑；蒴果球形，径 3 ~ 5 mm，有黑色腺条，瓣裂。花期 5—7 月。

含笑花 *Michelia figo*

花两性，单生叶腋，苞片有黄棕色毛；花被片 6，无花萼、花冠之区别；雄蕊多数，花药内向；雌蕊多数，位于延长的花托上部，有明显的雌蕊群柄；雄蕊、雌蕊螺旋状排列在花托上。果实为蓇葖果。花期 3 ~ 5 月。

含羞草 *Mimosa pudica*

分枝多，遍体散生倒刺毛和锐刺。叶为 2 回羽状复叶。头状花序长圆形，2 ~ 3 个生于叶腋；花淡红色；花萼钟状，有 8 个微小萼齿；花瓣 4；雄蕊 4；子房无毛。荚果扁平，成熟时节间脱落。花期 9 月。

合欢 *Albizia julibrissin*

乔木。二回羽状复叶。头状花序，花辐射对称；萼片 5，合生；花瓣 5，淡红色，镊合状排列；雄蕊多数，花丝基部结合，花丝长，外露；柱头直立。荚果扁平，带状。花期 6—7 月。

红蓼（荭草） *Polygonum orientale*

一年生草本，高度 1～2 m。茎直立，分枝，遍体密生柔毛。叶片宽卵形或卵形，长 10～20 cm，宽 6～12 cm，顶端渐尖，基部近圆形，两面疏生长毛；有长柄；托叶鞘筒状，顶端有草质的环状翅或干膜质裂片。花序穗状，长 2～8 cm，紧密，不间断；花被淡红色，5 深裂；雄蕊 7，伸出花被外；柱头 2。坚果近圆形，扁平，黑色，有光泽。花期 7—9 月，果期 8—10 月。

胡萝卜 *Daucus carota* var. *sativa*

复伞形花序；萼齿小；花瓣先端凹陷有一内折小舌片，边花的外侧花瓣（辐射瓣）深 2 裂；雄蕊 5，分离；子房下位，2 心皮 2 室，每室有 1 个胚珠。果为双悬果。花果期 4—7 月。

虎耳草 *Saxifraga stolonifera*

叶通常数枚基生，肉质，密生长柔毛。圆锥花序稀疏；花两侧对称；萼片 5，不等大，卵形；花瓣 5，白色，下面 2 瓣大于其他 3 瓣，披针形，上面 3 瓣小，卵形，都有红色斑点；雄蕊 10；心皮 2，合生。蒴果卵圆形，有 2 喙。花期 5—6 月。

黄鹌菜 *Youngia japonica*

一至二年生草本，高 10～80 cm。叶倒披针形，提琴状羽裂，顶端裂片较两侧裂片稍大，裂片边缘有不规则细齿，无毛或有稀疏软毛，花茎上无叶或有 1 至数枚退化至羽状分裂叶片。总苞长 4～7 mm；花冠长 4.5～10 mm，黄色。下位瘦果纺锤形，长 1.5～2.0 mm，稍扁，有 11～13 粗细不等纵肋；冠毛白色，细软。花果期 4—6 月。

黄杨 *Buxus microphylla* subsp. *sinica*

花簇生于叶腋或枝端，无花瓣；雄花萼片 4，长 2.0～2.5 mm；雄蕊比萼片长 2 倍；雌花生于花簇顶端，萼片 6，2 轮；花柱 3，柱头粗厚，子房 3 室。蒴果球形，熟时黑色，沿室背 3 瓣裂。花期 3—4 月，果期 5—7 月。

活血丹 *Glechoma longituba*

蔓生草本。叶对生，叶背面有腺点。苞片近等长或长于花柄，刺芒状；花萼长 7～10 mm，萼齿狭长三角状披针形，顶端芒状，外面有毛和腺点；花冠淡蓝色至紫色，长 1.7～2.2 cm。小坚果长圆形，长约 2 mm，棕褐色。花果期 4—6 月。

火柴头（饭包草） *Commelina bengalensis*

一年生草本；基部匍匐而节上生根，上部上升。佛焰苞基部合生成漏斗状；萼片 3，膜质；花瓣 3，其中 1 瓣较大，常为爪状。花蓝色。果椭圆形，2 室，每室 2 种子。花果期 6—10 月。

鸡爪槭 *Acer palmatum*

木本。叶对生，掌状分裂。伞房花序顶生，发叶以后开花；花紫红色，杂性，雄花与两性花同株；萼片卵状披针形；花瓣椭圆形或倒卵形；雄蕊较花瓣短，生于花盘内侧；子房无毛。翅果，两翅成钝角，果核成球形。花期 5 月，果期 9 月。

蓟 *Cirsium japonicum*

草本。叶缘具针刺。头状花序全部为两性的管状花，紫红色，花的基部有冠毛状的托毛；萼片多数，呈毛状；花冠 5，结合；雄蕊 5，花药基部有耳，聚药雄蕊；花柱分支基部有毛环，毛环上部分支贴合；子房下位，2 心皮 1 室，每室 1 个胚珠。下位瘦果。花果期 6—9 月。

蒺藜 *Tribulus terrester*

匍匐草本。叶偶数羽状复叶，小叶 10~14。花单生叶腋，有短柄，黄色，直径 8~18 mm；花瓣长几不超过花萼。果实直径约 1 cm，果为室间开裂的蒴果，果瓣坚硬，各有 2 长刺与数短刺。花期 5—9 月，果期 6—10 月。

夹竹桃 *Nerium indicum*

常绿灌木。茎直立，多分枝。叶革质，3~4 片轮生，全缘，侧脉密，羽状而平行。花红色或白色，成顶生聚伞花序；花萼 5 裂，基部内面有腺体；花冠漏斗形，5 裂，裂片右旋，喉部有 5 枚撕裂状的副花冠；雄蕊 5，着生于花冠喉部；花药内藏，基部有尾状附属物，端顶有丝状附属物；子房 2 室，花柱单一。果实为 2 枚长菁葖果；种子多数，顶端有黄褐色种毛。花期夏秋。

结香 *Edgeworthia chrysantha*

花两性，黄色，多数，芳香，构成腋生的下垂头状花序，总苞片披针形，长达 3 cm。着生于前一年生枝上，先于叶或与叶同时开放；花萼管状或筒状，顶端 4 裂，花瓣状，表面密生白毛；无花瓣；雄蕊 8，在萼管内排成 2 轮。核果卵形，通常包于花被基部。早春开花。

金丝桃 *Hypericum monogynum*

花顶生，单生或成聚伞花序，直径 3~5 cm；小苞片披针形；萼片 5，卵状椭圆形；花瓣 5，宽倒卵形；雄蕊花丝基部合生成 5 束，长约 2 cm；花柱细长，顶端 5 裂。蒴果卵圆形，花柱和萼片宿存。花果期 6—8 月。

金鱼草 *Antirrhinum majus*

总状花序顶生；萼片 5，深裂；花冠颜色鲜艳，上唇 2 裂直立，下唇 3 浅裂，中部向上隆起，封闭喉部，使花冠呈假面状；雄蕊 4 枚、2 强；子房上位，2 心皮 2 室；蒴果。花果期 5—10 月。

锦葵 *Malva cathayensis*

花有副萼（小苞片）3；花萼 5 裂，杯状；花瓣 5，紫红色后变蓝紫色，先端凹缺，瓣柄具髯毛；雄蕊多数，花丝结合成单体雄蕊，雄蕊柱顶端着生花药；子房上位，由 9~11 心皮组成。果扁球形，分果瓣 9~11。花期 5—7 月。

柯孟披碱草（鹅观草） *Elymus kamoji*

穗状花序长 7~20 cm，下垂，穗轴边缘粗糙或有小纤毛；小穗绿色，长 13~15 mm（芒除外），有 3~10 小花；颖卵状披针形至长圆状披针形，边缘膜质，顶端锐尖至具长 2~7 mm 的短芒，有 3~5 脉，主脉上端通常粗糙，第 1 颖长 4~6 mm，第 2 颖长 5~9 mm（芒除外）；外稃披针形，有宽膜质边缘，背部光滑无毛，或稍粗糙，第 1 外稃长 8~11 mm；内稃稍长于或稍短于外稃，顶端钝，脊显著有翼，翼缘有细小纤毛。花果期通常 4—7 月，很少延至 11 月。

栝楼 *Trichosanthes kirilowii*

攀缘草本。根状茎肥厚。雌雄异株；雄花数朵生于总花梗上部呈总状花序，苞片倒卵形或宽卵形，长 1.5～2.0 cm，边缘有齿，花托筒状，长约 3.5 cm，花萼裂片披针形，全缘，长约 15 mm，花冠裂片倒卵形，顶端细线状，雄蕊 3，花丝短，花药靠合；雌花单生，子房卵形，花柱 3 裂。果实近球形，熟时橙红色，光滑；种子多数，扁平。花期 7—8 月，果期 9—10 月。

蜡梅 *Chimonanthus praecox*

落叶灌木。树皮有油细胞，芳香。花两性，单生，芳香，直径 1.5～3.5 cm；花被片多数，覆瓦状排列，外部花被片卵状椭圆形，黄色，内部的渐短，有紫色条纹或与外部的同色；果托椭圆形，长约 4 cm，口部收缩，有附属物。花期 11 月到翌年 3 月。

藜 *Chenopodium album*

叶菱状卵形，背面有泡状毛。花簇生，成密或疏圆锥花序；花小，黄绿色，单被。胞果光滑，完全包在花被内。果皮有小泡状皱纹或近平滑；种子卵圆形，扁平，黑色。花期 6—9 月，果熟期 10 月。

龙葵 *Solanum nigrum*

营养体具双生叶。花两性，蝎尾状花序近伞形，腋外生；花萼 5 裂，浅杯状，花冠白色，辐射对称，基部结合，镊合状排列；雄蕊 5，分离；子房上位，2 心皮 2 室。浆果。花果期 6—11 月。

葎草 *Humulus scandens*

雌雄异株；圆锥花序，长 15～25 cm；雄花小，淡黄色，花被和雄蕊各 5；雌花排列成近圆球形的穗状花序，苞片纸质，三角形，有白刺毛和小黄腺点；子房被苞片包围，柱头伸出。瘦果淡黄色，扁圆形。花期 5—8 月，果期 8—9 月。

络石 *Trachelospermum jasminoides*

藤本，有乳汁。叶对生。聚伞花序组成圆锥花序；花萼深 5 裂，反卷；花冠裂片 5，白色，高脚碟形，花冠筒中部膨大；雄蕊 5，着生于花冠筒中部；子房上位，2 心皮离生。蓇葖果双生。花期 4—6 月。

麻栎 *Quercus acutissima*

落叶乔木；叶椭圆状披针形，长 8～18 cm，宽 3.0～4.5 cm，顶端渐尖或急尖，基部圆或阔楔形，边缘有锯齿，齿端成刺芒状；雄花为下垂柔荑花序，花被杯状，4～7 裂，雄蕊通常 6；雌花单生总苞内，带状苞片锥形，粗长刺状，有灰白色绒毛，反曲，包围橛果 1/2。花期 4 月，果次年 10 月成熟。

麻叶绣线菊 *Spiraea cantoniensis*

灌木。叶片菱状披针形或菱状长圆形。花两性，伞形花序，花辐射对称；萼片 5，基部结合；花瓣 5，分离，白色；雄蕊多数，分离；雌蕊 5，子房上位，被丝托浅杯状，心皮有胚珠多数到 2 个。蓇葖果。花果期 4—9 月。

马利筋 *Asclepias curassavica*

聚伞花序伞形状，顶生或腋生；萼片 5，基部结合；花冠裂片 5，向下反卷，基部结合，副花冠生合蕊冠上；花粉块每室一个，有载粉器，具合蕊柱，子房上位，2 心皮。蓇葖果。花果期 8—11 月。

马缨丹 *Lantana camara*

植株有臭味。叶卵形至卵状椭圆形，长 3～9 cm，宽 1.5～5.0 cm，边缘有锯齿，两面都有糙毛。花序梗长于叶柄 1～3 倍；苞片披针形，有短柔毛；花萼管状，顶端有极短的齿；花冠黄色、橙黄色、粉红色至深红色。果实圆球形，成熟时紫黑色。花期 5—11 月。

蔓长春花 *Vinca major*

蔓性半灌木；着花的茎直立；除叶柄、叶缘、花萼及花冠喉部有毛外，其余无毛。叶卵形，长 3～8 cm，宽 2～6 cm，顶端钝，基部宽或稍呈心形。花单生于叶腋，蓝紫色，花柄长 3～5 cm；萼裂片条形，长约 1 cm；花冠筒部较短，裂片倒卵形，顶端钝圆。蓇葖果双生，直立，长约 5 cm；种子顶端无毛。花期 5—7 月。

毛地黄 *Digitalis purpurea*

总状花序顶生；花萼 5 深裂，裂片卵形，不等大；花冠紫色、黄色或白色，筒部大，长钟形，常在子房以上稍收缩，上部略呈唇形，上唇较下唇略短；雄蕊 4，2 长 2 短，不外露。蒴果圆卵形，较花萼长。花期 5—6 月。

梅 *Armeniaca mume*

一年生枝绿色。花单生或 2 朵簇生，先叶开放，白色或淡红色，芳香，直径 2～2.5 cm；花柄短或几无；被丝托钟状，常带紫红色；萼片花后常不反折；心皮有短柔毛。花期 3 月，果期 5—6 月。

美女樱 *Verbena × hybrida*

草本。叶对生。花两性，穗状花序短缩；萼片 5，基部结合；花冠略二唇形，上 2、下 3；雄蕊 4 枚，着生于花冠筒中部；花柱短，顶生，柱头 2 浅裂，子房上位，2 心皮 4 室，每室 1 胚珠。蒴果。花果期 5—10 月。

南苜蓿 *Medicago polymorpha*

复叶 3 小叶，小叶宽倒卵形或倒心形；托叶基部贴生在叶柄上。总状花序腋生，花 2～8 朵，黄色。荚果螺旋形旋卷，有刺；种子 3～7 颗。花果期 6—8 月。

南天竹 *Nandina domestica*

常绿小灌木。茎常丛生，少分枝。花白色；萼片多轮，每轮 3 片，外轮较小，卵状三角形，内轮较大，卵圆形；花瓣 6；子房 1 室，有胚珠 2 颗。浆果球形，鲜红色，偶有黄色；种子半球形。花期 5—7 月，果期 8—10 月。

茑萝松 *Quamoclit pennata*

草质藤本。叶羽状深裂，裂片条形；托叶 2，与叶同形。聚伞花序腋生，有花 2～5 朵，花序梗通常长于叶，有苞片 2；萼片 5，顶端通常有芒尖；花冠高脚碟状，红色，长约 3 cm；雄蕊 5，伸出冠外。蒴果卵圆形；种子黑色，有棕色细毛。花期 7～9 月。

牛筋草 *Eleusine indica*

秆基部倾斜向四周开展，高 15～90 cm。叶鞘压扁，有脊，无毛或疏生疣毛，鞘口常有柔毛；叶片扁平或卷褶，宽 3～5 mm，无毛或上面常生有疣基的柔毛。穗状花序长 3～10 cm，宽 3～5 mm；小穗有 3～6 小花，长 4～7 mm，宽 2～3 mm；颖的脊上粗糙，第 1 颖长 1.5～2.0 mm，第 2 颖长 2～3 mm；第 1 外稃长 3.0～3.5 mm，内稃短于外稃，沿脊有小纤毛。种子卵形。花果期 6—10 月。

牛膝 *Achyranthes bidentata*

草本。单叶对生。穗状花序顶生或腋生，开花后花反折，总花梗伸长；每花有 1 苞片，宽卵形，膜质，上部突出成刺；小苞片 2，坚刺状，略向外曲；花被片 5，锥形或披针形，绿色；雄蕊 5，花丝基部连合成筒，有退化雄蕊。胞果长圆形。花期 7—9 月，果期 9—11 月。

女贞 *Ligustrum lucidum*

常绿乔木。枝开展，无毛，有皮孔。叶对生，革质，卵形、宽卵形或卵状披针形，长 6 ~ 12 cm，宽 4 ~ 6 cm，顶端尖，基部圆形或阔楔形，无毛。圆锥花序顶生，长 10 ~ 20 cm；花白色，几无柄；花冠筒与花萼近等长；雄蕊与花冠裂片近等长。核果长圆形，蓝紫色，长约 1 cm，熟时微弯曲。花期 6—7 月。

爬山虎 *Parthenocissus tricuspidata*

藤本。卷须短，多分枝，相隔 2 节间断与叶对生，顶端有吸盘。花枝上的叶宽卵形，长 8 ~ 18 cm，宽 6 ~ 16 cm，通常 3 裂，或下部枝上的叶分裂成 3 小叶，幼枝上的叶较小，常不分裂。聚伞花序通常着生于短枝上，长 4 ~ 8 cm，较叶柄为短。浆果蓝黑色，径 6 ~ 8 mm。花期 6 月，果熟期 9—10 月。

蒲公英 *Taraxacum mongolicum*

头状花序全部为舌状花，总苞钟形，总苞片草质，外层的较短，顶端往往外折，最内 1 层较长，花没有托片；萼片冠毛状多数，花冠 5 裂，花药基部箭形，花柱分支细长。下位瘦果。花果期 4—7 月。

朴树 *Celtis sinensis*

单叶互生，基部偏斜。花杂性同株；雄花簇生于当年生枝下部叶腋；雌花单生于枝上部叶腋，1 ~ 3 朵聚生；花被片 4 ~ 5，仅基部稍合生。核果近球形，红褐色，直径 4 ~ 5 mm；果柄等长或稍长于叶柄；果核有网纹或棱脊。花期 5 月，果熟期 10 月。

牵牛 *Ipomoea nil*

草质藤本。花序有花 1 ~ 3 朵；苞片 2，细长；萼片长披针形，外面有毛；花冠漏斗形，长 5 ~ 7 cm，蓝色或淡紫色，管部白色；雄蕊 5，不伸出花冠外，花丝不等长，基部稍阔，有毛；子房 3 室，每室有 2 胚珠。蒴果球形；种子 5 ~ 6 颗，无毛。花期 7—9 月。

青冈 *Cyclobalanopsis glauca*

常绿乔木。树皮淡灰色。叶椭圆形或椭圆状卵形，长 8 ~ 13 cm，宽 2.5 ~ 4.5 cm，顶端尖，基部楔形或圆形，边缘中上部有锯齿，背面灰白色。壳斗杯状，包围坚果 1/3 ~ 1/2，直径约 1 cm；苞片合成同心环带 5 ~ 8 条；槲果卵形，无毛，稍带紫黑色；果脐隆起。花期 4 月，果熟期 10 月。

忍冬 *Lonicera japonica*

木质藤本。叶对生。花两性，常双生，总花柄单生上部叶腋，苞片叶状；花萼裂片 5，基部结合成筒；花冠裂片 5，上唇 4 裂直立，下唇反转，花冠白色略带紫色，后转黄色；雄蕊 5，着生于花冠上；子房下位。浆果。花期 4—6 月，有时秋季也开花。

日本珊瑚树 *Viburnum odoratissimum var. awabuki*

常绿灌木或小乔木；树皮灰褐色或灰色，枝有小瘤状凸起的皮孔，有一对卵状披针形的芽鳞。叶革质，狭倒卵状长圆形至长卵形，长 7 ~ 15 cm，宽 4 ~ 9 cm，顶端急尖或钝，基部阔楔形，全缘或近顶部有不规则的浅波状钝齿，表面深绿色，有光泽，背面淡绿色，两面无毛或有时在背面脉腋有簇毛，侧脉 6 ~ 8 对。圆锥状聚伞花序，着生于新枝顶，苞片及小苞片披针形至卵状披针形，早落；花香，无柄或有短柄；萼筒钟状，无毛，花萼裂片阔三角形；花冠白色，辐状，裂片反折、卵圆形，略长于花冠筒；雄蕊5，着生近花冠筒喉部；花柱圆锥状，粗壮，高出花萼，柱头头状。核果倒卵形，先红后黑，核有1深腹沟。花期5—6月，果期7—9月。

榕树 Ficus microcarpa

木本，有乳汁。叶互生，全缘，托叶合生，包围顶芽，脱落后留下环状痕迹。花雌雄同株，雌、雄花生于球形隐头花序内。花果期全年。

三色堇 Viola tricolor

草本。叶具柄，托叶叶状，羽状深裂。花大，直径3～6 cm，通常每朵花有蓝紫、白、黄三色；花瓣近圆形，覆瓦状排列，下方花瓣有距，距短而钝；子房无毛，花柱短，基部明显膝曲，柱头膨大，有柱头孔。花期春季至秋季。

桑 Morus alba

木本。茎皮纤维发达。花单性，雌雄异株，柔荑花序；雌花花被片4，2心皮1室；雄花花被片4，雄蕊4，在蕾中内折，与花被对生。果实由多个小型的核果聚集为聚花果，称桑葚。花期4—5月。

山麻杆 Alchornea davidii

落叶灌木。叶纸质，阔卵形或近圆形。花小，雌雄异株；雄花密生成短穗状花序；萼4裂，雄蕊8，花丝分离；雌花疏生，排成总状花序，萼4裂，子房3室，花柱3，细长。蒴果扁球形，密生短柔毛；种子球形。花期4—6月。

十大功劳 Mahonia fortunei

灌木。叶缘具刺齿。总状花序直立，4～8个簇生；花黄色，萼片9，排成3轮；花瓣6，2轮，覆瓦状排列；雄蕊6，分离，花药瓣裂；子房单生。浆果圆形或长圆形，长4～5 mm，蓝黑色，有白粉。花期7—8月。

石斛 Dendrobium nobile

总状花序有1～4花；苞片膜质，近圆形，顶端凹缺，长7～13 mm；花大，下垂，直径6～8 cm，白色，顶端带淡红紫色；萼片长椭圆形，长3.5～4.0 cm；花瓣椭圆状卵形，长3.5～4.0 cm，宽2.0～2.5 cm，基部狭，唇瓣卵圆形，长3.5～4.0 cm，宽约3 cm，边缘波状反卷，围抱蕊柱，两面有毛，内面较密。花期5—6月。

石龙芮 Ranunculus sceleratus

一年或二年生草本。茎高达50 cm，直立，无毛。基生叶和下部叶有长柄，叶片近肾形至卵形，长（0.7）3～4 cm，宽（1～）4～7 cm，3浅裂至3深裂，有时达基部，中间裂片菱状倒卵形，3浅裂，全缘或有疏圆齿，侧生裂片不等2或3裂；茎生叶有柄，上部叶近无柄，通常3深裂至全裂，裂片线状披针形，近花的叶为狭长椭圆形，边缘波状。花小，黄色，直径约8 mm；萼片船形；花瓣与萼片几同长，狭倒卵形，基部蜜腺窝状。瘦果密集在细圆柱状花托上，花托有毛，长约1 cm，瘦果两侧有皱纹，顶端有短喙，长约1 mm。花期3—5月。

石竹 Dianthus chinensis

花单生或数朵簇生成聚伞花序；小苞片4～6，广卵形，顶端长尖，长约为萼筒的1/2；萼圆筒形，顶端5裂；花瓣鲜红色、白色或粉红色，边缘有不整齐的浅锯齿，喉部有斑纹或疏生须毛。蒴果包于宿萼内；种子扁平形，灰黑色，边缘有狭翅。花期5—9月，果期8—9月。

矢车菊 *Centaurea cyanus*

头状花序总苞多层；缘花近舌状、偏漏斗状，5~8 裂，托片多数、冠毛状，不结实；管状花有少数托片，冠毛状，萼片冠毛状、多数，花冠裂片 5、结合，花药基部箭形，聚药雄蕊。下位瘦果。花果期 4—5 月。

蜀葵 *Alcea rosea*

二年生草本。茎直立，不分支，有星状毛。叶近圆心形，常 3~7 浅裂，直径 6~10 cm，边缘有锯齿；托叶卵形，顶端 3 裂。花大，单生叶腋，直径 6~8 cm；花柄长 1.5~2.5 cm；小苞片 6~7，基部合生，短于萼；花萼钟形，5 裂，裂片三角形，密生星状绒毛；花瓣倒卵状三角形，单瓣或重瓣，有红、黄、白、紫各色，爪有长髯毛。果实为分果或离果，盘状，直径约 2.5 cm，心皮成熟时自中轴分离。花期 4—7 月，果期 7—8 月。

鼠耳芥 *Arabidopsis thaliana*

茎直立；基生叶莲座状，倒卵形或匙形，长 1~5 cm，宽 3~15 mm；茎生叶无柄，叶片披针形或条形，长 5~15 mm，宽 1~2 mm，全缘。总状花序顶生；花小，白色；萼片长圆形，长约 2 mm；花瓣匙形，长约 4 mm。长角果细圆柱形，长 10~20 mm，宽近 1 mm；种子细小，红褐色。花期 3—4 月，果期 4—5 月。

丝瓜 *Luffa cylindrica*

一年生攀缘草本。茎有 5 棱，光滑或棱上有粗毛；卷须通常 3 裂。叶片掌状 5 裂，裂片三角形或披针形，顶端渐尖，边缘有锯齿，两面均光滑无毛。雄花的花柄长 10~15 cm，花萼裂片三角状披针形，外面有细柔毛，花瓣分离，黄色或淡黄色，倒卵形，长约 4 cm，顶端圆或渐凹而有 1 短尖头，基部渐狭；雌花的花柄长 2~10 cm，子房长筒形，平滑。果实长圆柱形，长 20~50 cm，直或稍弯，下垂，无棱角，表面绿色，成熟时黄绿色至褐色，果肉内有坚韧的纤维如网状；种子椭圆形，扁平，黑色，边缘有膜质狭翅。花期 8—10 月。

薹草属物种 *Carax* sp.

多年生草本，少一二年生。秆通常三棱形或近三棱形。小穗在秆顶排列成穗状、总状，少有圆锥状；花单性，同序或异序；鳞片螺旋状排列；无花被；雄蕊 3，很少 2；子房外包有苞片形成的囊包（即果囊），花柱突出于囊外，2~3 裂。小坚果平凸形、双凸形、三棱形或扁形。

桃 *Amygdalus persica*

花两性，单生，辐射对称；萼片 5，基部结合；花瓣 5，分离，粉红色；雄蕊多数，分离；雌蕊 1 枚，生于凹陷的被丝托上，但不与被丝托结合，即为子房上位，果为核果。花期 3—4 月。

通泉草 *Mazus pumilus*

一年生草本，通常基部分枝。叶生于下部的对生或根生叶呈莲座状，上部的互生。总状花序顶生，占茎的大部或近全部；花萼裂片与筒部几相等；花冠唇形，上唇直立，2 裂，下唇大而开展，3 裂，喉部有 2 凸起，上有白色软毛及黄色斑点；雄蕊 4。蒴果球形，无毛，稍露出萼外。花果期 4—10 月。

茼蒿 *Chrysanthemum coronarium*

一年生草本。茎直立，全体光滑，柔嫩肉质。叶互生，椭圆形、倒卵状披针形或倒卵状椭圆形，边缘有不规则的深齿裂或羽裂，裂片椭圆形，顶端钝或圆，叶基部耳状抱茎

（无柄）。头状花序单生枝顶，直径 4~6 cm，总苞片干膜质；舌状花黄色或黄白色，舌片长约 16 mm，管状花长约 5 mm。下位瘦果三棱形，长约 3 mm，有棱角。花期 4—6 月。

苇状羊茅 *Festuca arundinacea*

圆锥花序开展，每节有 2~5 分支；小穗长 10~15 mm，有 5~8 小花；颖披针形，无毛，顶端尖或渐尖，边缘膜质；外稃长圆状披针形，有 5 脉，无芒或有 1 小尖头，第 1 外稃长 8~10 mm；内稃等长或稍短于外稃。花果期 4—7 月。

蚊母树 *Distylium racemosum*

叶厚革质，椭圆形或倒圆形。总状花序长 2 cm，有星状毛；苞片披针形；萼筒极短，花后脱落，萼齿大小不等，有鳞毛；雄蕊 5~6；子房有星状毛，花柱长 6~7 mm。蒴果卵圆形，长约 1 cm，密生星状毛，2 室，顶端开裂为 4 果瓣。花期 3—4 月，果期 8—10 月。

莴苣 *Lactuca sativa*

一年生或二年生草本，茎光滑，高 30~100 cm。叶丛生基部者长椭圆形、倒卵形或长舌形，长 10~30 cm，平滑无毛或皱缩，顶端圆钝或短尖，无柄，全缘或有微齿；茎生叶椭圆形或三角状卵形，基部心形抱茎。头状花序多数聚成圆锥状，有总苞片多层，内层总苞片披针形，有黄色舌状花。下位瘦果长椭圆状纺锤形，微压扁，上部稍阔，基部稍窄，长约 3 mm，灰色、肉红色或黑褐色，每面有纵肋 7~8 条，喙与果身等长或稍长；冠毛白色。花果期 6—8 月。

乌桕 *Triadica sebifera*

落叶乔木，有乳汁。叶片菱形至菱状卵形。穗状花序顶生，雄花在上面，雌花在基部；雄花小，10~15 朵生一苞内，花萼杯状，3 浅裂；雌花花萼 3 裂；子房 3 室，花柱基部合生，柱头外卷。蒴果木质，梨状圆球形，直径 1.0~1.5 cm；种子近圆形，黑色，外有白蜡层。花期 5—6 月。

乌蔹莓 *Cayratia japonica*

藤本；具鸟趾状复叶。伞房状聚伞花序腋生或假顶生；花黄绿色；花萼浅杯状；花瓣 4，外面被乳突状毛；雄蕊 4；花盘橘红色，4 裂。浆果倒卵形，成熟时黑色。花期 6—7 月，果熟期 8—9 月。

梧桐 *Firmiana simplex*

小枝及树皮绿色。圆锥花序顶生，长 20~50 cm。花淡黄色；花萼 5 深裂至近基部，萼片条形，外卷，长 7~9 mm，被淡黄色柔毛；花梗与花近等长；雄花的雌雄蕊柄与花萼近等长，无毛，花药 15 枚不规则聚集在雌雄蕊柄的顶端；雌花子房球形。蓇葖果有柄，果皮膜质，成熟前开裂成叶状；种子球形，有皱纹。花期 7 月。

喜旱莲子草 *Alternanthera philoxeroides*

多年生宿根性草本。茎基部匍匐，上部伸展，中空，有分支，节腋处疏生细柔毛。叶对生，长圆状倒卵形或倒卵状披针形，顶端圆钝，有芒尖，基部渐狭，表面有贴生毛，边缘有睫毛。头状花序单生于叶腋，总花柄长 1~6 cm；苞片和小苞片干膜质，宿存；花被片白色；雄蕊 5，基部合生成杯状，退化雄蕊顶端分裂成 3~4 窄条。花期 6—9 月。

细柱五加 *Eleutherococcus nodiflorus*

有刺藤本。掌状复叶。伞形花序单生于叶腋或短枝的顶端，少有 2 伞集生一序上，伞梗长 1~3 cm；花柄纤细，长 6~10 mm；花萼全缘或有 5 小齿；花瓣 5，黄绿色；子房 2 或 3 室，花柱 2 或 3，分离至基部。果实近球形，紫色至黑色，有 2 颗种子。花期 5 月，果熟期 10 月。

香附子 *Cyperus rotundus*

聚伞花序复出，具叶状总苞数枚；小穗稍压扁、不脱落，颖片 2 列，从基部向顶端逐渐脱落；无下位刚毛；雄蕊 3 枚，花丝丝状；子房上位，3 心皮 1 室。坚果具三棱。花果期 5—10 月。

响叶杨 *Populus adenopoda*

乔木。雄花序长 6~10 cm，雄蕊 7~9，苞片边缘有长睫毛；雌花序长 5~6 cm，花轴密生短柔毛，子房长卵形，柱头 4 裂。果序长 12~16 cm；蒴果卵圆形，2 裂，有短柄。花期 3 月。

向日葵 *Helianthus annuus*

茎不分枝。叶互生。头状花序单生，直径可达 35 cm；舌状花黄色，管状花棕色或紫色；总苞片卵圆形或卵状披针形，顶端尾状长尖，有毛。下位瘦果长卵形，灰棕色或黑色。花果期夏秋季。

小蜡 *Ligustrum sinense*

落叶灌木。圆锥花序，长 4~10 cm，花轴有短柔毛；花白色，芳香；花柄细而明显；花冠筒短于花冠裂片；花药伸出花冠裂片。核果近球形，直径约 4 mm。花期 5—7 月，果期 10 月。

小麦 *Triticum aestivum*

秆直立，丛生。叶鞘松弛包茎。穗状花序，花序轴曲折，每节上生 1 无柄的小穗，小穗具 3~9 朵小花；上部者不育；外稃长圆状披针形，长 8~10 mm；内稃与外稃几等长；雄蕊 3；子房上位，2 心皮 1 室，2 条羽毛状的柱头，内含 1 枚胚珠。颖果。

羊蹄 *Rumex japonicus*

草本。基生叶基部圆形或心形。花序为狭长的圆锥状，顶生，每节花簇略下垂；花两性；花被片 6，成 2 轮，结果时内轮花被片增大，表面有网纹，顶端急尖，基部心形，边缘有不整齐的牙齿，全部有瘤状突起。坚果宽卵形，有 3 棱，黑褐色，有光泽。4 月开花，5 月果熟。

洋葱 *Allium cepa*

植株常单生。鳞茎大，球形、扁球形至椭圆形，外皮白色、黄色或紫色。当年生的叶基生，后发的叶重套在老叶内，管状，中部以下最粗，粉绿色。第二年抽花茎，高 0.6~1.2 m，中部以下膨大，比叶高；花序伞状球形；花被片近白色，星状展开，卵状披针形，长 5~7 mm，比雄蕊短。花果期 5—6 月。

野慈姑 *Sagittaria trifolia*

水生草本。叶形不一，通常为三角状箭状，两侧裂片较顶端裂片略长；顶端裂片长 5~25 cm，宽 5~20 cm；两侧裂片尾端长尖。雌雄同株，通常雄花在花序的上部，雌花位于下部；萼片 3，草质；花瓣 3，白色，基部常带紫色；心皮多数，密集成球形。瘦果斜倒卵形，扁平，边缘有薄翅。花果期 6—10 月。

野蔷薇 *Rosa multiflora*

有刺灌木。羽状复叶。花两性，排成圆锥状花序；萼片 5，基部结合；花瓣 5，分离，白色；雄蕊多数，子房上位，离生于壶形的被丝托内，每心皮有 1 个胚珠。聚合瘦果。花期 5—7 月。

一串红 *Salvia splendens*

轮伞花序具2~6花，密集成顶生假总状花序，苞片卵圆形；花萼钟形，长11~22 mm，绯红色，上唇全缘，下唇2裂，齿卵形，顶端急尖；花冠红色，冠筒伸出萼外，长3.5~5.0 cm，外面有红色柔毛；雄蕊和花柱伸出花冠外。小坚果卵形，有3棱，平滑。花期7—9月。

一品红 *Euphorbia pulcherrima*

叶互生，茎下部的叶全为绿色，生于茎上部的叶较狭，苞片状，开花时呈朱红色，鲜艳美丽。花序顶生，总苞坛状，绿色，边缘齿状分裂，每一个苞片有大的黄色腺体1~2个；腺体杯状，无花瓣状附属物。蒴果。花期12月至次年2月。

益母草 *Leonurus japonicus*

草本。茎四棱，有倒向糙毛。叶对生，叶形变化大，茎下部叶卵形，掌状3裂，中部叶菱形，3裂；花序下部苞叶条形。轮伞花序腋生，8~15朵花，无花梗。花萼管状钟形，5齿裂；花冠粉红色，冠檐二唇形；雄蕊4。小坚果长圆状三棱形。花期6—9月。

榆树（白榆）*Ulmus pumila*

乔木。树皮粗糙。叶椭圆形或椭圆状披针形，长2~8 cm，宽1.5~2.5 cm，两面无毛，或背面脉腋有毛；侧脉9~16对，叶缘有单锯齿，很少重锯齿；叶柄长2~10 mm。早春发叶前开花，簇生成聚伞花序；花被钟形，4~5裂；雄蕊4~5。翅果近圆形或宽倒卵形，长1.3~1.5 cm，无毛，顶端凹缺；种子位于翅果中部或近中部，很少接近凹缺处；果柄长约2 mm。花期3月上旬，果熟期4月上旬。

芸薹（油菜）*Brassica campestris*

总状花序；萼片4，分2轮；花瓣4片，花芽中覆瓦状排列，黄色；雄蕊6枚，4长2短，称为四强雄蕊；雌蕊由2个心皮结合而成，子房上位，侧膜胎座，由假隔膜分为2室。果实为长角果，具鸟喙状的尖头。花期3—5月。

鸢尾 *Iris tectorum*

多年生草本。叶鞘套叠。花茎几与叶等长，单一或2分支，通常有花1~4朵；花蓝紫色，直径长约10 cm；花被片下部常合生成管，外轮3片较大，反折，基部狭长，柄状，内面有一行鸡冠状白色带紫纹突起；内轮3片较小，宽椭圆形，有爪。蒴果长圆形。花期4—5月，果期5—6月。

月桂 *Laurus nobilis*

常绿木本。叶革质，两面无毛。花单性异株，伞形花序腋生，总苞片4；雄花每伞形花序具花5朵，花被片4，雄蕊12，花药2室、瓣裂，第2、3轮花丝具无柄腺体；雌花常具退化雄蕊4，花柱红色。果实卵球形。花期3—5月。

枣 *Ziziphus jujuba*

落叶乔木或小乔木。枝呈"之"字形曲折，有托叶刺。聚伞花序腋生；花小，两性，黄绿色；花萼裂片、花瓣、雄蕊各5；子房2~4室，基部与花盘合生，花柱常2裂。核果红色。花期一般5—6月，可延迟到7—8月，果期8—9月。

泽漆 *Euphorbia helioscopia*

一年生草本。花单性，雌雄同株，花序为杯状聚伞花序，基部有绿色杯状的总苞，总苞的边缘有4个腺体，内含数朵雄花和1朵雌花；花无被；雄花仅有1雄蕊，花丝和花柄间有关节；雌花单生于杯状花序的中央而突出于外，由1个3心皮雌蕊所组成，子房3

室。蒴果。

樟 *Cinnamomum camphora*

乔木。树皮幼时绿色，平滑，老时渐变为黄褐色或灰褐色纵裂；冬芽卵圆形。叶薄革质，卵形或椭圆状卵形，长 5 ~ 10 cm，宽 3.5 ~ 5.5 cm，顶端短尖或近尾尖，基部圆形，离基 3 出脉，近叶基的第一对或第二对侧脉长而显著，背面微被白粉，脉腋有腺点。圆锥花序生于新枝的叶腋内；花 3 基数；花药瓣裂。果球形，熟时紫黑色。花期 4—5 月，果期 10—11 月。

枳（枸橘） *Poncirus trifoliata*

枝条有刺，髓部层片状。复叶由 3 小叶组成，小叶有透明油点。花两性，单生（有时成对腋生）；萼片 5，分离；花瓣 5，分离，覆瓦状排列，白色；雄蕊多数，一般为花冠裂片数的 4 倍，分离；子房上位。柑果，密被细柔毛。花期 4—5 月。

诸葛菜 *Orychophragmus violaceus*

二年生草本，高 10 ~ 50 cm，有白粉。基生叶和下部茎生叶大头状羽裂，顶生裂片特别大，圆形或卵形，侧生裂片小，1 ~ 3 对，长圆形，全缘或有牙齿状缺刻；茎上部叶无柄，长圆形或狭卵形，顶端短尖，基部耳状抱茎，边缘有不整齐的牙齿。总状花序顶生；花淡紫色，直径约 2 cm；萼片淡紫色，线状披针形；花瓣长卵形，有密的细脉纹，爪部渐狭呈丝状。长角果，长 6 ~ 9 cm，有四棱；果瓣中脉明显，顶端有钻状喙，长约 2 cm；果梗粗短；种子每室 1 行，卵形至长圆形，长 1.5 ~ 2.0 mm，稍扁平，黑褐色，无翅。花期 3—4 月，果期 4—5 月。

紫荆 *Cercis chinensis*

花两侧对称，簇生；萼片 5，结合；花瓣 5，分离，紫红色，上升覆瓦状排列，即近轴 3 枚较小，远轴 2 枚较大而包于最外面；雄蕊 10 枚，排成 2 轮，分离，花丝外露；雌蕊的柱头稍弯。花期 4—5 月。

醉鱼草 *Buddleja lindleyana*

落叶灌木。小枝有 4 棱而稍有翅，嫩枝、嫩叶背面及花序均生细棕黄色星状毛。叶对生，卵形至卵状披针形，长 5 ~ 10 cm，宽 2 ~ 4 cm，顶端尖或渐尖，基部楔形，全缘或疏生波状牙齿。花序成假穗状，顶生，扭成一侧，稍下垂，长 7 ~ 25 cm，小花序近无梗；花萼 4 裂，裂片三角形，密生腺毛，基部有星状绒毛；花冠紫色，稍弯曲，花冠筒长 1.5 ~ 2.0 cm，密生腺体，无绒毛，筒内面淡紫色，有细柔毛；雄蕊 4，着生花冠筒下部。蒴果长圆形，长约 5 mm，有鳞片；种子多数，细小，菱形或三角状方形，褐色，无翅。花期 6—8 月，果熟期 10 月。

【实验报告】

1. 写出相关植物的花程式。
2. 写出相关植物的分科（分属、分种）鉴定序号及鉴定结果。
3. 绘图（供选用）：

　　绘出相关植物的花图式。

　　绘含笑（或白玉兰）花的纵剖面。

　　绘刺果毛茛的一枚花瓣。

　　绘月桂雄蕊的结构（含腺体）。

绘紫荆、蚕豆花冠的解剖图，注意其排列的位置。

绘绣线菊、垂丝海棠、桃和月季花的被丝托比较图。

绘泽漆的杯状聚伞花序：包括花丝的关节、雄蕊和子房构造。

绘锦葵花的纵剖面。

绘胡萝卜悬果瓣横切面图。

绘夹竹桃花的纵剖图。

绘马利筋的载粉器。

绘杜鹃的雄蕊，示花药孔裂。

绘丹参雌蕊图，示其花柱着生的情况。

绘矢车菊、蒲公英盘花的形态图。

绘小麦一朵小花解剖图。

绘白及合蕊柱的正面观。

绘其他未列明植物的花的解剖图。

【思考题】

1.（每次）实验中你鉴定的植物所属的科有何特征？

2. 实验中你碰到的主要问题是什么？解决了吗？

📖 附：

实验方案样例

板书内容

实验名称　被子植物分类鉴定实验（Ⅰ）

实验目的　1. 通过对给定植物的观察鉴定，了解它们各自的基本特征和共性。

　　　　　2. 学习分科、属、种检索表的应用。

实验材料　第 1~6 号标本（注明辨别特征）。

补充特征　根据预实验的记录来补充。

实验报告　1. 写出第 1~n 号标本的花程式及分科、属、种鉴定序号及鉴定结果。

　　　　　2. 绘图：第 2 号标本雄蕊的构造及腺体。

　　　　　3. 思考题：你鉴定出来的这些植物所属的科有什么共性？

教师掌握的内容

时　　间　3 课时

工　　具　解剖镜、解剖刀、镊子、解剖针、刀片等；适用的种子植物分类检索表。

实验方法　将最重要的标本编号在前，以保证实验进展较慢的学生能完成核心实验内容。允许学生只完成部分种的解剖鉴定。实验开始时，选用第 1 号标本作例子，示范学生解剖方法、检索表使用方法、获得初步鉴定结果后进行植物特征验证等。其余标本由学生独立解剖、检索，随时给予指导。

实验材料　1. 白玉兰 *Magnolia denudata*

　　　　　2. 月桂 *Laurus nobilis*

　　　　　3. 刺果毛茛 *Ranunculus muricatus*

　　　　　4. 石龙芮 *Ranunculus sceleratus*

　　　　　5. 含笑花 *Michelia figo*

　　　　　6. 樟 *Cinnamomum camphora*

实验考核方式样例

（满分 100 分，时间 1 课时，开卷。第 1 题不提供材料，第 2 题提供材料）

1. 试用繁殖器官特征编制一个检索表，将下列 6 种植物区别开来（30 分）：

　　Pinellia ternata 半夏　　　　　　　*Nerium indicum* 夹竹桃

　　Magnolia denudata 白玉兰　　　　　*Malva cathayensis* 锦葵

　　Helianthus annuus 向日葵　　　　　*Triticum aestivum* 小麦

2. 观察一种植物，绘出花图式，写出花程式、分科检索的序号及鉴定结果（拉丁名）（70 分）：

　　　　花　程　式 ＿＿＿＿＿＿＿＿＿＿＿＿＿＿

　　　　分科检索号 ＿＿＿＿＿＿＿＿＿＿＿＿＿＿＿＿＿＿

　　　　　　　　　＿＿＿＿＿＿＿＿＿＿＿＿＿＿＿＿＿＿

　　　　鉴定结果：

　　　　　　　科 ＿＿＿＿＿＿＿＿＿

　　　　　　　属 ＿＿＿＿＿＿＿＿＿

　　　　　　　种 ＿＿＿＿＿＿＿＿＿

　　　　花图式：

附 录

　　检索表（key）是用来迅速鉴定不明学名的植物的工具。它通过一系列的从两个相互对立的性状中选择一个相符的、放弃一个不相符的方法，达到鉴定的目标。

　　首先，根据待鉴定的未知植物（标本）的类型及植物来源，选择合适的检索表。比如需要鉴定的是藻类、苔藓或种子植物，就需要相应选择鉴定藻类、苔藓或种子植物的检索表，因为通常不同大类的植物并不在同一个检索表里。又比如需要鉴定的是长江三角洲地区的植物，就需要利用华东地区植物检索表；需要鉴定北京的植物，就需要利用北京植物检索表；需要鉴定所在学校的植物，则最好有本校、本市植物的检索表；检索表的适用范围越匹配，检索鉴定难度越小。需要留心的是，待鉴定的未知植物如果是不多见的新近引种栽培的植物，有可能没被包含在检索表内；还有一些常见栽培植物品种，形态特征变异较大，如花瓣 5 片变成了 6 片或 4 片、雄蕊花瓣化而形成重瓣花、雌蕊雄蕊退化成中性花等，都会影响到检索表的使用，增加检索中的疑惑，教师选材的时候应尽量避免使用这样的植物种类；学生如果自己选材碰到这样的植物也不要气馁，要明白分类鉴定技能也是在实践中摸索和积累起来的。建议初学者到野生环境中采集材料，基本可以避开栽培植物。

　　其次，检查需要鉴定的材料是否发育正常，是否具有代表性。比如萌枝及病态的标本就不能提供准确的形态信息。标本要尽可能完整，对被子植物来说，不仅要有花，最好还有茎、叶和果实，没有花的材料是不能用于分科、分属鉴定的。必要时每种植物可采集多份标本，以便在检索时能观察到这个物种足够多的变异情况。

　　鉴定目标确定后，就需要对材料进行仔细观察、解剖，有时候也可以采取一边阅读检索表中的内容，一边根据需要寻找相应形态结构特征的办法，但在材料不够丰富的情况下需要注意不要破坏或浪费材料，以免发生"材料已经被解剖，但结构没看清楚，重新解剖又没有材料"的情况。

　　这里以被子植物的退格式检索表（亦称定距式检索表）为例，阐述检索表的使用方法（其他形式的检索表只是排列方式有差别，编制原理、使用方法基本一致，具体请参阅数字课程拓展性实验中的 ⓔ实验十一）。

　　1. 子叶通常 2 枚；维管束排列成环，有形成层；叶脉网状；花常为 5 或 4 基数，偶 3 基数，花粉粒具 3 孔。

　　　2. 无花被或有 1 轮花被；如有 2 轮花被，则内轮花被片分离。

　　　　3. 无花被，或仅有 1 轮花被（萼）；如花被片 2 轮时，则无明显的萼片与花瓣之分而成萼片状（较小），或内轮特化成蜜腺状。

4. 花单性；雌雄花均组成柔荑花序，或至少雄花呈柔荑花序状。

   5. 植株含乳汁 ···桑科（Moraceae）

   5. 植株不含乳汁；蒴果；种子∞，具长毛 ············杨柳科（Salicaceae）

4. 花单性或两性，不组成柔荑花序。

   6. 至少雄花不具萼或萼不明显。

      7. 雌花组成球形头状花序或穗状花序。

         8. 叶柄基部膨大而笼罩幼芽；小坚果 ········悬铃木科（Platanaceae）

         8. 叶柄基部不膨大，不笼罩幼芽；蒴果···金缕梅科（Hamamelidaceae）

      7. 雌花与雄花构成杯状聚伞花序；植物体具乳汁···大戟科（Euphorbiaceae）

   6. 花具萼。

      9. 心皮 2~∞，分离或近分离。

         10. 萼片花瓣状；叶互生；乔木或灌木；单叶 ··························

                        ···木兰科（Magnoliaceae）

         10. 萼片不为花瓣状；乔木；果为开裂的菁蓉果 ·························

                        ···梧桐科（Sterculiaceae）

      9. 心皮连合成具 1~∞ 室的子房，或仅具 1 心皮。

      ······

  3. 花被 2 轮，有萼片与花瓣之分，或花被片均呈花瓣状。

    28. 雄蕊∞。

    ······

    28. 雄蕊至多为花瓣数的 1~4 倍。

    ······

 2. 花被 2 轮，内轮花被片通常连合。

   87. 花单性，稀两性；有卷须的草质藤本；子房下位······葫芦科（Cucurbitaceae）

   87. 花两性。

   ······

1. 子叶 1 枚；维管束分散排列，无形成层；叶脉通常平行，有时弧形，稀为网状；花常为 3 基数，偶 4 基数；花粉粒具单孔。

  115. 水生或沼生植物。

    116. 沉水或浮水水生植物；叶柄中部以下膨胀成囊状···雨久花科（Pontederiaceae）

    116. 沼生植物。

    ······

  115. 陆生植物。

    ······

    从上述检索表中可以发现，每一行的起点都有一个编号，而且这些编号都是成对出现、按特定顺序排列的。成对出现的编号（比如"1. 子叶通常 2 枚······"和"1. 子叶 1 枚······"）表示，当你进行检索、阅读这对编号的文字时，你的任务就是判断这两段相同编号的文字描述中哪一个符合你要鉴定的标本，确定符合需要的那个编号（比如"1. 子叶 1 枚······"是符合的）以后，就顺着这个编号往下得到另一对编号（"115. 水生或沼生植物。"和"115. 陆生植物。"）继续判断，而"1. 子叶通常 2 枚······"这个编号后面所从属的条目（即前一个"1"之后、后一个"1"之前的全部内容，从"2. 无花被或有1轮花被……"至"87. 花两性。"）则全部舍弃。

下一步，则从两个"115"中继续选择判断，直至得到最后结果。

这个例子中，我们使用的检索表是鉴定被子植物的"科"时用的。确定了科之后，可以再利用科下的"分属检索表"鉴定到属，再在属下"分种检索表"中鉴定到种。

鉴定过程中，要根据看到的特征，全面核对成对编号后面的文字：如果成对编号的第一个号码所描述的性状看来符合手头的标本，也应继续读完相对的另一个号码所描述的性状，因为有时后者更为适合。在涉及大小尺寸时，应用尺量而不仅仅是作大致的估计。

对检索到的结果，还需核对该种植物的全面描述。当描述的内容与手头标本一致时，才能作为鉴定的结束。因为如果手头的标本是检索表中未列入的植物，如分布新记录种或新近引种栽培植物，在检索时会指向另一植物。对于初学者来说还容易发生对有关形态学术语的理解偏差而造成判断错误。

有时候，在核对了成对编号的两项性状后仍不能作出选择时，或手头的标本上缺少检索表中要求的特征时，可分别对这两个编号进行检索，然后从所获的两个可能的结果中，通过核对相应物种的特征描述作出判断。正确的结果只会有一个。

二、常用实验试剂的配制

（一）常用固定剂的配方

1. 甲醛 – 乙酸 – 乙醇固定液（FAA）

50% 或 70% 乙醇（体积百分数，后同）	90 mL
冰醋酸（无水乙醇）	5 mL
福尔马林（370 ~ 400 g/L 甲醛溶液）	5 mL

可用以固定植物的一般组织，但用作细胞学上的固定不如其他一些专用的固定剂。经此液固定后的材料，可不必洗涤，直接用 70% 乙醇脱水。

特点：过去称"标准固定液"或"万能固定液"，是组织形态中常用的固定液，可兼作保存液。

2. 乙醇 – 乙酸 – 氯仿固定液（卡诺氏固定液）

两种配方：	I	II
乙醇	15 mL	30 mL
氯仿		5 mL
冰醋酸	5 mL	1 mL

可用作植物组织及细胞的固定，固定根尖和花药只需 30 ~ 60 min，不可在此液中放置太久（以不超过一天为宜）。

特点：以上两种配方都是渗透迅速的固定液。

3. 福尔马林固定液

2% ~ 10% 的福尔马林（体积百分数）为很好的硬化剂，但是渗透力薄弱，而且会引起材料强烈收缩，所以最好与其他药剂混合使用，效果会大大增强。注意的是，它亦是一种还原剂，故不宜与氧化剂铬酸、锇酸相混。

特点：很好的硬化剂、强还原剂，渗透力弱。

4. 乙醇 – 福尔马林固定液

70% 乙醇	100 mL
福尔马林	2 ~ 10 mL

固定植物一般组织，尤其用在柱头中的萌发花粉管的固定。固定后的材料，立即用作观察。通常固定 24 h，可长久保存。

特点：不易收缩，常用于固定花粉管。

5. 福尔马林 – 丙酸 – 乙醇固定液

福尔马林	5 mL
丙酸	5 mL
50% 乙醇	90 mL

此液可用作固定一般植物组织。固定根尖细胞，用作染色体观察。通常固定 24 h，也可长期保存。

6. 铬酸 – 乙酸固定液

三氧化铬	1 g
冰醋酸	1 mL
蒸馏水	100 mL

用于容易渗透的材料，如丝状藻类、菌类、蕨类的原叶体等。固定 12 ~ 24 h。此液不作保存液。

7. 铬酸 – 乙酸 – 福尔马林固定液

10 g/L 铬酸	80 mL
冰醋酸	5 mL
福尔马林	15 mL

由于固定液中包含氧化剂与还原剂，因此，此液用时需要临时配制。通常固定 12 ~ 24 h。固定后可在 50% 或 70% 乙醇中洗涤数次后，继续脱水。

8. 氯化汞 – 锇酸固定液

25 g/L 氯化汞水溶液	4 份
20 g/L 锇酸	1 份

此液一般可用以固定线粒体，固定 12 ~ 24 h，水洗。

9. 重铬酸钾 – 福尔马林固定液

30 g/L 重铬酸钾	80 mL
福尔马林	20 mL

固定高等植物生长点，用以观察细胞的结构，效果良好。在植物细胞学中多采用为叶绿体的固定液。此液氧化性很强，应用时，最好临时配制。固定 2 ~ 12 h。

10. 铬酸 – 乙酸 – 福尔马林固定液（纳瓦兴液）

分为甲乙两部分，用前等量混合（附表 –1）。

此液在植物制片上应用甚广，是细胞学及组织学上一种优良的固定液。此液原来的配方已很少应用，现所用的都是改良液，且种类很多，如材料较柔嫩、含水量较多，可用配方Ⅰ、Ⅱ；材料较坚硬、含水量较少，可用Ⅳ、Ⅴ配方；其中配方Ⅱ对植物胚胎学制片特别适用。为了使用方便，常分别配成甲、乙两种基液，用时临时等量配制。固定时间为 12 ~ 24 h，固定后用 70% 乙醇洗涤数次。

附表 –1

配方		纳瓦兴原式	I	II	III	IV	V
甲液	10 g/L 铬酸	75 mL	20 mL	20 mL	30 mL	40 mL	50 mL
	100 g/L 乙酸			10 mL	20 mL	30 mL	35 mL
	10 g/L 乙酸		75 mL				
	冰醋酸	5 mL					
乙液	福尔马林	20 mL	5 mL	5 mL	10 mL	10 mL	15 mL
	蒸馏水			66 mL	40 mL	20 mL	

特点：渗透慢，不能长期保存；主要用于显示分裂相。

（二）常用染色剂的配方

1. 苏木精染液

苏木精是最常用的染料之一，易溶于乙醇，微溶于水和甘油，是细胞核染色的优良染液，能使细胞中不同的结构显示不同的颜色。它的配方很多，常用的是铵矾苏木精法：

甲液	苏木精	1 g
	无水乙醇	6 mL
乙液	铵矾饱和水溶液	100 mL
丙液	甘油	25 mL
	甲醇	24 mL

配方：将甲液一滴一滴地加入到乙液中，并搅动。将此溶液置可见光下，不加瓶盖，瓶口蒙以纱布，放置 1 星期左右，促使其氧化。加入丙液，过滤。再放置室内 1 ~ 2 个月，至变成深色葡萄酒状，即可使用。

2. 番红染液

番红是碱性染料，能溶于水和乙醇。番红是细胞学和动植物组织学常用的染料，能染细胞核、染色体和植物蛋白质，示维管束植物木质化、木栓化和角质化的组织，还能染孢子囊。常用其 0.5% 或 1.0% 的乙醇溶液。

3. 固绿染液

固绿为酸性染料，能溶于水（溶解度为 4%）和乙醇（溶解度为 9%），可将纤维素、细胞壁和细胞质染成绿色，能清晰显示其结构。在制片中常与番红配合进行对染。

常用配方：0.1 g 固绿溶解于 100 mL 的 95% 乙醇中，过滤后使用。

4. 碘 – 碘化钾（I_2–KI）染液

碘	1 g
碘化钾	3 g
蒸馏水	100 mL

配方：先将 3 g 碘化钾溶于 100 mL 蒸馏水中，再加 1 g 碘，加热使其完全溶解。

5. 苏丹Ⅲ染液

苏丹Ⅲ	0.1 g

95% 乙醇	10 mL
甘油	10 mL

配方：先取苏丹Ⅲ干粉 0.1 g，溶解于 95% 乙醇中，过滤后，再加入 10 mL 甘油。

6. 苏丹Ⅳ丙酮染液

苏丹Ⅳ	0.1 g
丙酮	50 mL
70% 乙醇	50 mL

配方：先取苏丹Ⅳ干粉 0.1 g，溶解于丙酮中，过滤后，再加入 70% 乙醇 50 mL。

7. 间苯三酚－盐酸染液

间苯三酚	5 g
浓盐酸	20 ~ 40 mL
蒸馏水	60 ~ 80 mL

8. 伊红染液

这类染料种类很多。常用的伊红 Y 是酸性染料，呈红色带蓝的小结晶或棕色粉末状，溶于水（15℃时溶解度达 44%）和乙醇（溶于无水乙醇的溶解度为 2%），是很好的细胞质染料，常用作苏木精的衬染剂。

9. 中性红染液

中性红是弱碱性染料，呈红色粉末状，能溶于水（溶解度 4%）和乙醇（溶解度 1.8%）。它在碱性溶液中呈现黄色，在强碱性溶液中呈蓝色，而在弱酸性溶液中呈红色，所以能用作指示剂。中性红无毒，常做活体染色的染料，用来染原生动物和显示动植物组织中活细胞的内含物等。久放的中性红水溶液，是显示尼氏体的常用染料。

10. 亚甲蓝染液

亚甲蓝（或美蓝）是碱性染料，呈蓝色粉末状，能溶于水（溶解度 9.5%）和乙醇（溶解度 6%）。亚甲蓝是动物学和细胞学染色上十分重要的细胞核染料，其优点是染色不会过深。

11. 刚果红染液

刚果红是酸性染料，呈枣红色粉末状，能溶于水和乙醇，遇酸呈蓝色。它能作染料，也用作指示剂。它在植物制片中常作为苏木精或其他细胞染料的衬垫剂。用来染细胞质时，能把胶质或纤维素染成红色。在动物组织制片中用来染神经轴、弹性纤维和胚胎材料等。刚果红可以跟苏木精作二重染色，也可用作类淀粉染色，由于它能溶于水和乙醇，所以洗涤和脱水处理要迅速。

12. 苯胺蓝染液

苯胺蓝是一种混合酸性染料，平常所用很难有一定的标准。此染料一般很难溶于水，也不易溶于乙醇（溶解度 1.5%）。植物制片中可与番红合用，作为组织染色；也可作藻类植物染色。因为这种染料的成分很不一致，染色效果不易掌握。

13. 结晶紫染液

结晶紫是碱性染料，能溶于水（溶解度 9%）和乙醇（溶解度 8.75%）。结晶紫在细胞学、组织学和细菌学等方面应用极广，是一种优良的染色剂。它在细胞核染色中常用，用来显示染色体的中心体，并可染淀粉、纤维蛋白和神经胶质等。凡是用番红、苏木精或其他染料染细胞核不能成功时，用它能得到良好的结果。用番红和结晶紫作染色体的二重染色，染色体染成红色，纺锤丝染成紫色，所以也是一种显示细胞分裂的优良染色剂。用结晶紫染纤毛，效果也很好。用结晶紫染色的切片，其缺点是不易长久保存。

三、简单的显微化学测定

显微化学方法是应用化学药剂处理植物，使其产生特殊的染色反应，染色后所显示的特异颜色反应可通过显微镜鉴定辨别物质成分。显微化学测定方法很多，本书仅介绍细胞贮藏物质淀粉、蛋白质和脂肪以及细胞壁木质素的测定方法。

1. 淀粉的鉴定

淀粉是植物体中主要的贮藏物质，在不同植物细胞中形成各种不同形状的颗粒，当稀释的碘–碘化钾溶液与淀粉作用时，形成碘化淀粉，呈特殊的蓝色反应。但需注意如果碘液过浓，会使碘化淀粉变黑，反而不利于淀粉粒轮纹及脐点的观察。

2. 蛋白质（糊粉粒）的鉴定

蛋白质是复杂的胶体，细胞内贮藏的蛋白质是没有生命的，有无定形的、结晶状的或固定形态的。糊粉粒是植物细胞中贮藏蛋白质的主要形式。测试蛋白质常用的方法也是碘–碘化钾溶液，但浓度较大效果才好。当碘液与细胞中的蛋白质作用时，呈黄色反应。在显微镜下观察时，可见黄色的颗粒状的糊粉粒。注意有些含有脂质的材料，在进行蛋白质鉴定之前，须用乙醇进行处理（简便的方法是在切片材料上滴加 95% 的乙醇），先把材料中的脂质溶解掉，才更能看清糊粉粒的结构。

3. 脂肪和油滴的鉴定

常用来鉴定脂肪的是苏丹Ⅲ的乙醇溶液，染色后，呈橘红色。现多用苏丹Ⅳ的丙酮染液替代，其染色效果比前者稍红和明显。苏丹Ⅲ和苏丹Ⅳ不是专一的组化反应，它能使脂质合成的物质如树脂、挥发油、角质和栓质等都着色。

4. 木质素的鉴定

木质素是芳香族的化合物，在细胞中一般呈复合状态。用间苯三酚–盐酸染液处理植物材料，是细胞壁木质素的主要鉴别方法。根据颜色反应的深浅能显示细胞壁中木质化的程度。

读者意见反馈

为收集对教材的意见建议，进一步完善教材编写并做好服务工作，读者可将对本教材的意见建议通过如下渠道反馈至我社。

咨询电话　400-810-0598

反馈邮箱　gjdzfwb@pub.hep.cn

通信地址　北京市朝阳区惠新东街4号富盛大厦1座

　　　　　高等教育出版社总编辑办公室

邮政编码　100029

防伪查询说明

用户购书后刮开封底防伪涂层，使用手机微信等软件扫描二维码，会跳转至防伪查询网页，获得所购图书详细信息。

防伪客服电话　　（010）58582300